徐守珩 著

建筑中的空间运动

人们对于建筑和城市空间的认知和表达，经历了“分化”“解放”和“扩张”三个阶段，在对这些阶段深度发问和剖析的过程中，笔者发现多学科的交叉，及其对建筑中潜伏的空间运动现象的发掘，推动了一场全新的思维方式的变革。本书从空间链、时间性、四维空间、空间意象、空间图式、空间组织、空间结构、关系场、空间约束力和模糊界面10个层面出发，强调生命对空间秩序的多向度体验。本书主要供建筑院校的学生，从事相关内容教学的教师，从事建筑、规划及景观等相关行业的工程技术人员，城市经营与管理者，以及建筑与城市文化的研究者阅读参考。

图书在版编目（CIP）数据

建筑中的空间运动/徐守珩著. —北京：机械工业出版社，2015. 1
ISBN 978-7-111-48230-7

Ⅰ. ①建… Ⅱ. ①徐… Ⅲ. ①城市空间—建筑设计—研究
Ⅳ. ①TU984.11

中国版本图书馆CIP数据核字（2014）第235206号

机械工业出版社（北京市百万庄大街22号 邮政编码100037）
策划编辑：赵 荣 责任编辑：赵 荣 林 静
版式设计：霍永明 责任校对：张 力
封面设计：张 静 责任印制：乔 宇
北京画中画印刷有限公司印刷
2015年1月第1版第1次印刷
169mm×239mm · 15.75印张 · 264千字
标准书号：ISBN 978-7-111-48230-7
定价：59.80元

凡购本书，如有缺页、倒页、脱页，由本社发行部调换

电话服务	网络服务
社服务中心：（010）88361066	教 材 网：http://www.cmpedu.com
销 售 一 部：（010）68326294	机工官网：http://www.cmpbook.com
销 售 二 部：（010）88379649	机工官博：http://weibo.com/cmp1952
读者购书热线：（010）88379203	**封面无防伪标均为盗版**

在生活中，空间运动现象总是附着于日常细微与琐碎的事物或者事件上面，每当人们为其注入一些情绪化的因子，它便会释放出激情与活力，并在实现对物质空间形态超越的同时，又引导着人们的意识进入到一层理想化的状态。

——徐守珩

前　言 | PREFACE

“空间运动”完整的定义应该是“空间运动现象”（The Phenomenon of Spatial Motion），它是一种现象空间的提炼，基于空间中事件的发生和人们的行为，以及人们对空间的体验和感知，指向内在意识与多义空间的关联和互动，它与现下大热的，用以陈述空间形态的“动态空间”（Dynamic Space）存在着本质的区别。人们局限于，相信外部物质世界比内在世界更加真实，其实现代科学已经证实，人们内在的意识将会影响外部事件的发生。

显然，“空间运动”在很大程度上可以划归为现象学的范畴，因为它在指向动态化空间的同时，还指代存在于空间与人们内心之间的互动关系。不管这种关系是成熟的、温暖的，还是生涩的、冰冷的，它都是那种最能触动人们内省式情感神经，并引发记忆与回忆的东西。而这也贴近克劳利与奥尔森对现象学的定义：“现象学并不是一种哲学体系，而是一种研究哲学的方式，一种分析意识对象——内在的或外在的、事实或过程的——方式，以便确定它们基本的、必要的特征，它们是如何呈现于意识的，以及我们可以得到关于它们的什么知识。”

与西方的机械论观念截然不同，东方的传统哲学思想本身就是系统的、有机的和精神的。本书中的“空间运动”在延续了西方空间思想脉络的同时，又浸润着东方的传统哲学思想，它是基于东西方空间观念的交叉与融合而实现的某种意义上的超越，是在东西方哲学思想与建筑概念之间寻求交替性、阶段性的共性和差异的产物。譬如，当人们一味地渴望在新式的建筑空间中建立新的秩序关系的时候，只不过是在主观地改变着空间中客观事件的存在方式，却忽略了客观事件本身所映射到人内心的影响，而这一点既是西方哲学与东方思想的差异所在，也是“空间运动”所要着力表达的内容。这对于现代主义、后现代主义和解构主义等思想而言，可以视为某种程度上的观念修正。

另外在本书中，有些观点和思想是与现代主义、后现代主义、解构主义相“对抗”的，这种“对抗”从严格意义上讲，并非试图跳出所谓的“主义”限定，重新建立某种统一的制式所采取的否定或者排斥态度，而是作为一种深度的思辨过程转化为更为灵活的和微妙的平衡关系来契合当代多元化社会语境的变化。在这里，本书不会再将建筑的基本定义作为一个静态的，如标本一样的事物进行研究，因为空间的真相本身就是一种戏剧性、动态化和极具吸引力的叙事方式。就像法国哲学家加斯东·巴什拉（Gaston Bachelard）在其《空间诗学》（The Poetics of Space）一书中所提到的：“通过变换空间，离开寻常感觉的空间，人就开始了与一个空间的沟通，这个空间能启迪灵魂——因为我们不是在改变处所，而是在改变我们的本性。”

“生命的秩序”是空间运动现象所指向的核心意义，在这方面的阐述中，本书结合考虑了海德格尔的“诗意地栖居”思想、诺伯格-舒尔茨的“场所精神”以及库哈斯的“大都会文化”。在海德格尔看来，“诗意地栖居”是一种自我人性的显现，敞开和领悟，一种对生命的体验过程，然而时至今日，人们真正栖居的状态越来越少，作为“漫游者”的状态却越来越多。而这恰好契合空间运动现象研究的基本出发点，在当下以及未来可预见的社会和城市中，空间运动现象将成为常态，它比之前的任何时期都会更加清晰和明显。

本书的研究方法主要有如下三种：其一，是综合归纳法，它主要是指对国内外相关资料及研究成果进行梳理、对比和分析所形成的认识。其二，是典型案例法，它是指选择与主题概念相关联的典型案例作为例证，进行富有针对性的分析，让概念的陈述更加生动而又有说服力。其三，是“剖析法”，这种方式是本书获取深度认知，阐述观点的原动力和重要途径。剖析作为一种手段，类似于医学中的解剖手段，它能够帮助人们剥去层层包裹，发现事物得以存续，获得直观与系统认知的根本支撑。另外，本书中所构建的空间运动有机体系不是在试图给出答案，而是希望通过空间运动现象的研究来影响大众的体验、感受和理解的出发点。概括而言，这是一次非西方主流建筑意识形态的讨论，是中西文化交融下的全新思考。（注：本书注释均由作者提供）

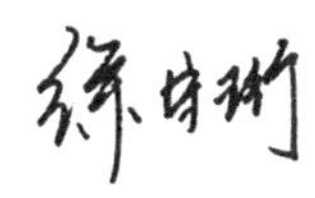

目　录 | CONTENTS

导　论 | INTRODUCTION

概括而言，人们对于建筑和城市空间的认识和表达经历了传统时期的“分化”、现代时期的“解放”和虚拟时期的“扩张”三个阶段，与这些阶段相对应的空间运动现象呈现出截然不同的特征。现代主义支持对一切繁琐的摒弃，转而强调空间的功能性与流动性，空间本身几乎成为建筑的全部内容，人们对情感与精神的追求遭到了悬置；后现代主义建筑空间借助符号化手段和非言语表达，来反对现代主义的模式化空间操作，却让建筑空间成为了戏谑的战场。后现代主义的空间操作过于出奇，对于人们的感受而言简直就是一种考验，它所传达出的态度在很大程度上就是对人性的漠视；而虚拟空间的扩张，在顺应时代的“快节奏”与“空间压缩”的同时，也在推动着空间观念的转变，并成为了真实空间的一面镜子，反照着现实生活的病态。

在人们生活的建筑和城市空间中，充斥着越来越多的空洞和无趣。它们的出现是基于日益复杂的社会价值对建筑和城市空间的需要，以及人类强势秩序的推行；它们的存在跨越了对生命的庇护，演变成为戏谑、献媚和聊以自慰的工具。然而，这些表现显然都已经远远超出了人们长期以来的情感与伦理可接受的范畴，也根本不会带给人们所期望的舒适、自在和满足。所以，面对这些愈发突显的活跃性表现，人们开始失语，并开始纠结身体和意识如何与持续的“快节奏” “压缩空间”以及空间观念的转变相适应。

针对空间“分化”“解放”和“扩张”的过程中出现的，与空间模式之间的不适和排异问题，笔者在深度发问和剖析的过程中发现，所有这些问题最后都指向了一个方向——认知体系。基于此本书提出了“空间运动”概念，“空间运动”是建立在时间轴线上的四维空间概念，是研究建筑和城市空间与生活相融合的合宜方式和途径。“空间运动”所反映出来的空间信息是饱含生命气息的，它完全区别于人们长时间以来对空间进行单独划分和研究的手段。

另外，在多元化的今天，学科的交叉已经成为推动学科发展的最大动力，作为解释世界复杂性的工具，建筑不再作为单纯的建筑物形式或者封闭的系统而存在，它需要从其他领域输入或输出。所以，本书通过对诸多相关学科的梳理和研究，确定了将格式塔心理学、拓扑心理学、行为建筑学、认知地图概念、建筑现象学以及东方的传统哲学思想作为空间运动现象研究的理论基础。

“空间运动”这个概念是针对“空间有机体”而言的，因为有机体是有生命的，具有活态特征的，所以，以上概念都可以纳入到“空间运动有机体系”之下。那么，如何定义“空间运动有机体系”呢？首先，它是一种时空连续的建筑空间解读和构想观念；其次，它有与其相对应的空间图式，这种空间图式不同于传统的模式语言，它不会强迫人们去建立理想化的限定，或者与现代主义、后现代主义和解构主义划清界限。

在空间运动有机体系中，对于空间运动现象的认识主要从以下十个方面出发：空间链、时间性、四维空间、空间意象、空间图式、空间组织、空间结构、关系场、空间约束力和模糊界面。其中，“空间链”作为空间运动的引导性概念，在建筑和城市空间中，或隐或现，或明或暗，表现出对空间与情感的双重“穿透性”影响。

空间、事件、行为、功能、形式、构造和细部等都属于人们所熟知的传统定义，是构成建筑概念的根本，在很多时候，它们被单纯地视为组装建筑这部“机器”的“零部件”，然而，空间终究不是囚笼，人性化的空间充满了随机与偶然性，它不适宜被执行机械化的操作。从这个角度讲，构造学濒临灭亡。而当这些构成要素作为有机体系下的有机构成，并在有机系统中实现彼此渗透和交融之后，空间才会焕发人性的光辉和美的愉悦。而这恰恰就是“空间运动有机理论”所关注的，也就是说，“空间运动有机理论”没有主动改变建筑的构成，只是在改变人们聚焦的方向。

《勒·柯布西耶：机械与隐喻的诗学》一书中这样写道：“柯布西耶曾反复地使用‘有眼无珠’（eyes that do not see）来批评他同时代的人，在他看来‘观察’是个认知的过程，而不是感受的过程，柯布西耶的使命在于教会他同时代的人如何‘观察’事物，而不是简单地‘看到’事物。”显然，柯布西耶提出的“认知”带有明显的主动性和反馈性，它区别于感受本身所表现出的被动性和静态性。

相对于“观察——感受——认知”这样的过程，空间中持续发生的事件才是对这个现实世界最忠实的描述。即便这些事件存在着某些共性或者某种程度上的重复性，它们终究还是不同的事件，并且会在人们的意识中自然形成不同的空间意象。这些空间意象是人们知觉和意识下的产物，它们能够反应现实世界与空间逻辑的大致关系，但是，它们却并不完全等同于现实世界的真相，它们是人们依赖经验，透过事件所“看到的东西”。确切地讲，它们是一种积极的、主动的心理描绘，其中融汇了个人的生理与心理特征、社会价值以及文化背景等因素。

对于主体的人们而言，“空间运动”强调对“生命的秩序”的体验；对于客体的建筑和城市空间而言，“空间运动”最核心的意义则是赋予空间以生命的属性。在经历了“几何的秩序”和“机械的秩序”的阶段之后，突显自由与人性的人类社会必然回归到“生命的秩序”上来。

人类文明发展至今，有很多经典的建筑作品得以留存，并获得了传承和延续的动力；也有很多伟大的建筑师被人们所推崇。譬如路易斯·巴拉干、格伦·马库特、阿尔瓦罗·西扎、阿尔瓦·阿尔托、路易斯·康、彼得·卒姆托、里卡多·列戈瑞达、汤姆·梅恩、伊东丰雄、妹岛和世等。这些建筑师的作品与思想虽然各不相同，但也存在共性，那就是在某种程度上都展现出了对人生、人性的关切和反思，并且演绎着“生命的秩序”。

第一章 | 空间概念的扩展与空间运动

第一节 | 西方传统建筑内向空间的分化

含义最完满的建筑历史，是一种具有多种决定因素的历史，它传述历代建筑，几乎囊括了人类所关注事物的全部。建筑所满足的是如此多样的各种需要，因此，若要确切地描述其发展过程，就等于是书写整个文化本身的历史。这里应当历述造成这个历史的多种因素，并阐明有时是这个因素为主，有时又是另一个因素为主，综合地起作用而产生了各种不同的空间概念。

——布鲁诺·赛维《建筑空间论》

古埃及与古希腊时期的静态化空间

当人们从光怪陆离的现实世界转身，回望人类的文明之初，就会发现古埃及的建筑早已化为不朽的形象而深入人心。古埃及建筑在艺术象征、空间布局和功能安排等方面，都蕴含着深刻的文化印迹和浓厚而又神秘的宗教气息，它们不仅反映了古埃及独特的人文传统和奇异的精神理念，同时也通过自身的象征性来表达当时人们追求永恒的意愿，这在古王国金字塔的空间秩序和轴线关系中都得到了鲜活的印证（图1-1-1）。

图1-1-1　古埃及金字塔墓区中的空间秩序与轴线关系

古埃及初期的代表性建筑是陵墓，它们最初仿照住宅的“马斯塔巴”而建造，形为多层阶梯状金字塔，以乔塞尔金字塔为代表（图1-1-2），随后演变为人们所熟知的锥形金字塔；到了中王国时期，又发展出祭祀厅堂，其为陵墓建筑的主体，而这在某种程度上让建筑内部空间的意义得到了强化；到了新王国时期，随着古埃及人对太阳崇拜的日益加强，太阳神庙替代了陵墓成为皇帝崇拜的纪念性建筑物，得到全面推广，并占据了最重要的地位，其中最具代表性的当属卡纳克阿蒙神庙。该神庙的布局沿着轴线依次排列着塔门、露天庭院、列柱大厅和神殿等，神殿内石柱如林，光线昏暗，形成了法老“王权神化”所依托的神秘与压抑氛围。这个时期的神庙建筑的艺术重点显然已经从外部形象转移到了内部空间，从外在空间超尺度下的纪念性过渡到内在空间的压抑性和神秘性，而这恰恰就是空间内向化的开始（图1-1-3）。

古埃及建筑始于直接与模仿的方式，慢慢演变成为具有象征意义的具体形象，在这一过程中，几何学的发展产生了重要影响，它使得水平和竖向的象征性网格在建筑空间布局中得到推广。即使到了今天，人们依然能够在埃及的地理环境中依稀发现其空间结构上的认同感与秩序感的存在。

通常的建筑空间可以被视为物质化的表现，但是，如果也将古埃及的建筑空间定义为物质化的表现，那么，它必将会掩盖金字塔和神庙建筑背后的普遍性意义和信仰，因为古埃及人创造的神性空间并不是用来居住的，而是一种基于对自身存在于物质世界进行确认的需要。正如《西方建筑的意义》一书中所描述的那样：“埃及建筑没有环绕的内部空间，但这并不意味着埃及人有着空间恐惧症（spatiophobia）。对于围合感的基本需求，源于体验到对‘在某处’的需求，也就是对于‘内部’的需求，但是埃及人并

图1-1-2　乔赛尔金字塔

图1-1-3　卡纳克阿蒙神庙

不‘居住’在这样创造出来的空间中。相应的，他们处理内部结构的方法表达出一种观念，即埃及人永远在路上（always on his way）。”㊀

古希腊的建筑形式并不丰富，内部空间也较为单一和封闭，但是这些都不足以掩饰古希腊建筑对于人类文明的贡献。与古埃及人一样，古希腊人也同样需要借助抽象和秩序来获得安全感，只是在古希腊建筑空间中的秩序性被诠释得更加精细，这种精细主要表现为对人体美与数的和谐的崇尚，富有整体的雕塑感和理想化的身体原型就成为了古希腊建筑最大的特点，这使得希腊建筑无论从比例还是外形上都产生了一种生机盎然的崇高美——这一认识在后来的文艺复兴时期也得到了强调。与此同时，古希腊人也认为，要恰当地设计一个建筑物的维度，就需要遵循一定的数学比例，所以，古希腊建筑的平面构成基本上维持了1:1.618或1:2的比例关系，中间位置是大厅，即内殿或正殿，四周为圆柱环绕。然而在看似简洁、朴素和静态化的空间构成中，却暗含着一种隐性的力量和约束性法则。诺伯格-舒尔茨㊁曾形象地描述说：“希腊神庙好像是肌肉强健的躯体，是真正有机的形式，它把生命物化成为一种空间和时间的表演。作为一种清晰而具有多样性的建筑类型，神庙还证明了生活的表演（living action）并不存在于偶然的和任意的变化中，它本身就是一种相互作用的原型特征。”㊂（图1-1-4）

图1-1-4　古希腊的帕特农神庙

㊀ 克里斯蒂安·诺伯格-舒尔茨. 西方建筑的意义[M]. 李路珂，欧阳恬之，译. 北京：中国建筑工业出版社，2005:21.

㊁ 克里斯蒂安·诺伯格-舒尔茨（Christian Norberg-Schulz，1926—2000），著名的建筑历史与理论学者，1926年出生于挪威，1964年取得博士学位。他先后著述出版了《建筑的意象》《存在·空间·建筑》《西方建筑的意义》《场所精神》《居住的概念——走向图形建筑》和《建筑——存在、语言和场所》等，开辟了以现象学为基点研究建筑历史和理论的新途径，其中，在存在主义哲学思想的运用方面有着独特的认知。

㊂ 克里斯蒂安·诺伯格-舒尔茨. 西方建筑的意义[M]. 李路珂，欧阳恬之，译. 北京：中国建筑工业出版社，2005：26-27.

时至今日，我们依然可以在古希腊沉寂的建筑遗迹中，隐约感受到一股力量的存在，那是一种潜藏于自然和谐之中不可思议的萌动。可以说，在那个时期，人的自然本性得到了张扬，人的尊严得到了肯定，人类真正开始了解自身和感受空间，并理解自然以及自身所处的位置，却又不失对神性的敬畏。

古罗马建筑空间中的支配性秩序

古罗马建筑继承了古希腊建筑的成就，并在建筑形制、技术和艺术等方面都进行了广泛的创新。因此，古罗马时期的建筑类型呈现多样化特点，既有神庙、皇宫、剧场、角斗场、浴场及巴西利卡等公共建筑，也有内庭院式和公寓式住宅。因为空间属性与建筑类型之间存在着对应关系，所以古罗马建筑类型的多样化也就带动了内向空间“分化”的进程。

古罗马建筑通常以厚实的砖石墙、半圆形拱券、逐层挑出的门框装饰和交叉拱顶结构为主要特征，这些结构上的创新，使得建筑物在满足了更多复杂性要求的同时，也获得了更具灵活性和适应性的内部空间。所以，与古希腊建筑崇尚雕塑感不同，古罗马时期的建筑被认为真正进入到空间性的阶段。从空间轴线的起点开始，古罗马的建筑空间就已显现出颠覆古埃及与古希腊静态化空间的倾向。该时期既产生了庄严、神圣的万神庙中的纯粹空间，也产生了层次多、变化大的皇家浴场中的序列空间，还产生了巴西利卡的单向的纵深空间，这些空间内在的艺术性处理超过了外部体型。而在其具体的表达中，也能清晰地看到古罗马人对于连续性和韵律感的追求，那是一种具有统治性和支配性的动态秩序（图1-1-5）。

万神庙是单一空间、集中式构图的代表性建筑，它展现了古罗马最高成就的穹顶技术。其顶部的洞口是万神庙内部空间唯一的采光点，光线从顶部泄下，伴随着太阳位置的偏移而改变角度，营造出了一种神圣而又庄严的氛围，这十分适合烘托宗教建筑的神性——宗教的神圣性作用于人们的内心，主要是通过仪式性来强化，而非单纯的语言。显然，这个洞口就是整个内部空间的支配性因素，而投射到内部空间的自然光线搅动了内在空间的秩序，使其呈现出动态性特性，并夹杂着更多的未知和不确定性，让空间显得更加饱满而有吸引力。在这样的空间氛围中，空间的秩序与生命的意义结合在一起，人类自身的体验上升到了神授权力的层面（图1-1-6）。

伴随着这个时期建筑形制的成熟，其内部空间更具表达性，譬如，其剧院的形制

图1-1-5　古罗马的君士坦丁凯旋门

图1-1-6　万神庙的内部空间

已与现代的大型演出建筑非常相似；而一些公寓采用标准单元，低层配置商店，楼上住户设计阳台的手法也与现代公寓在空间关系上的处理相当接近。显然，这些并非出于偶然，它们也不属于个体性的空间处理，而是高度系统化的产物，遵循着严谨的组织关系。可以说，古罗马时期的建筑真正实现了功能化和系统化，其清晰的结构逻辑和连续的开放空间都为人们提供了最大程度上的安全感，并关照着生活在其中的生命。

拜占庭及罗马风建筑空间的纵向延伸

拜占庭建筑是一种以基督教为背景的建筑艺术形式，并在继承了古罗马建筑文化的基础上发展起来，其空间的内向性得到了进一步强化和明确。大致而言，在任何一个拜占庭时期的教堂中，都能找到同样的非物质化和内向性期望，那是一种超出人性尺度，而趋近神性的精神性空间组织。

这种突出的“内向性”表现主要基于三个方面的内容：其一，集中式形制，这一形制的主要表现是把穹顶支撑在四个或者更多个独立支柱上的结构形式，并以帆拱作为中介连接，同时，还可以使成组的圆顶集合在一起，形成开阔而又变化的空间关系，这种普遍使用的“穹窿顶”相比于古罗马的拱顶，可以说是一个巨大的创新；其二，整体造型中心凸出，高大而又耸立的“穹窿顶”，往往成为整座建筑内部空间的构图中心，在这一中心周围又时常设置一些与之相协调的组合空间，集中式的空间氛围也通过竖向轴线和中央穹顶得以体现；其三，集中式平面布局，以“拉丁十字”和“希腊十字”为主，有明确的几何中心。在集中式平面布局中，可以明显发现约束性原则的强势支配，而渗透着虔诚愿望的空间秩序也沿着“交叉十字”纵向延伸，所有这些都为基督教空间意义的生成做足了铺垫（图1-1-7）。

在幽幽暗暗的基督教堂中，交织的光束斜穿顶窗，洒落在墙面、座椅，或者牧师身上，随即又在空间中弥散开来，它指引着人们的内在意识开始幻化、升腾，使人们开始找寻有关存在的真正意义和价值。诚如诺伯格-舒尔茨所言：“早期基督教时代的人们不拥有从自然、人类或历史现象中抽象出来的安全感。他们只有拒绝这些现象，才能够接受那种使它的存在变得有意义的恩典。因此，基督教的存在空间并不是从人类有形的环境中生长出来的，而是象征着一种救赎的承诺和过程，这被具体化成为一个中心，或者一条路径。通过将这样的中心和路径建造成教堂，新的存在意义就变得明确可见了。”㊀

罗马风建筑沿袭了初期基督教的建筑形制，多见于修道院和教堂，是纯粹的宗教性场所，因继承了古罗马式的拱券结构体系而得名。它对古罗马的拱券技术进行了不断的

图1-1-7　威尼斯的圣马可教堂

㊀ 克里斯蒂安·诺伯格-舒尔茨. 西方建筑的意义[M]. 李路珂，欧阳恬之，译. 北京：中国建筑工业出版社，2005:60.

试验和发展，最终选用扶壁来平衡沉重的拱顶所带来的横推力，随后又逐渐发展出骨架券替代厚拱顶的技术。该时期的建筑屋顶的厚重感在被削弱的同时，其内部空间也被注入了一种上升的动势，循着一个能够被仰望和期待的方向。

通常而言，宗教建筑作为现实世界中的神圣空间，是人们信仰的中心，其内向性空间中所树立起来的强势指引性，维持了人们在现实生活中所依循的基本伦理秩序，同时给予了人们内心趋于安定的动力。罗马风建筑在空间上的纵向延伸，与建筑所表现出来的体量感和围合感截然不同，其富有韵律地交替布置的柱子，内外简洁、明快的线条，都使得罗马风建筑空间中的内向性与人们对神性空间的渴望更加紧密地联系在一起。

在罗马风建筑中，拉丁十字的平面布局得到了发展和完善，其横厅宽阔，中殿纵深，加上窗户窄小，使得内部空间笼罩在一种阴暗、神秘的氛围之中，而朴素的中厅又与华丽的圣坛形成了鲜明的对比，中厅与侧廊较大的内部空间变化也打破了古典建筑一直以来所强调的均衡感。可以说，罗马风建筑空间的纵向延伸为人们提供了最为直接的体验，表现为一种完整的、交互式的动态秩序。与此同时，也可发现罗马风建筑有别于之前的宗教建筑的一个重大转变，即空间本身所传递出的存在意义开始向日常生活渗透（图1-1-8）。

图1-1-8　比萨大教堂

哥特建筑由内而外的空间界定和路径

哥特（式）建筑风格兴盛于中世纪高峰与末期，由罗马风建筑发展而来，其平面组织延续了成熟的罗马风时期的主教堂中的拉丁十字形方式。然而，相对于罗马风建筑为人们提供的直接体验，哥特建筑则突出表现为一种人们意念的冲动，它突破了作为纯粹宗教建筑的束缚，而成为整个城市公共生活的中心和城市文化的标志，标志着人们在黑暗的中世纪获得了一点有限的自由。罗马风建筑在思想和情感上表现出抽象而又含混的倾向，到了哥特时期才逐渐变得明确，并更加趋近人性。与宗教建筑通常强调内在空间的神秘性不同，哥特建筑更加重视对个人与自然的多样性所作出的反应，并从宗教文化蔓延到世俗文化之中。

哥特建筑的诞生始终伴随着一种非物质化的过程，它让教堂空间从屋顶到外墙都逐渐摆脱了厚重、自闭与围合的束缚，取而代之的是一种富有逻辑的结构体系。在设计中利用十字拱、飞券、修长的立柱和新的框架结构来增加支撑顶部的力量，结合直立的线条、雄伟的外观和镶着彩色玻璃的长窗，共同营造着一种高旷、威严、统一，并伴有浓厚宗教氛围的场所。概括而言，哥特建筑的整体风格高耸瘦削，以卓越的建筑技艺表现了神秘、哀婉与崇高的强烈情感，人们通过对光的形而上的沉思，通过对数与色的象征性理解，使内在的精神渐渐摆脱俗世物质的羁绊（图1-1-9）。

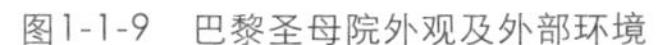
图1-1-9　巴黎圣母院外观及外部环境

哥特建筑代表了新的时代精神，它的出现已将罗马风建筑中纵向延伸的朴素韵律转化为一种动态的、征服性的表达。布鲁诺·赛维[一]在《建筑空间论》一书中写道："这是建筑师们在基督教堂建筑中，事实上也是在整个建筑历史上，首次地孕育了一种与人体尺度明显对照的空间效果；这种效果引发了观者产生不平衡感，产生矛盾冲突的冲动和激情，产生奋斗的情绪，而不是宁静沉思的气氛。"[二]（图1-1-10）

图1-1-10　巴黎圣母院的内部空间

哥特建筑的风格与结构处理共同形成了一个有机的整体，然而在其高耸的尖塔把人们的目光引向虚无缥缈的天空的同时，哥特建筑的形体与空间秩序不再单纯，惯常的几何知识已无法对其进行定义，在它那高度差异化与等级化的秩序背后，是对多样性和多元化的包容，而内向性空间分化的趋势更是显露无遗。另外，哥特建筑也已经将内部的体量从外部空间中界定出来，教堂空间所传递出的存在意义扩展到人们生活的各种场所，并以教堂为主导。所有这些改变，都暗示了教堂与环境之间一种新的关系开始形成（图1-1-11）。

[一] 布鲁诺·赛维（Bruno Zevi），意大利有机建筑学派理论家，建筑历史学教授，在意大利乃至欧洲堪称建筑思想的领军人物。

[二] 布鲁诺·赛维. 建筑空间论——如何品评建筑[M]. 张似赞，译. 北京：中国建筑工业出版社，2006:72.

图1-1-11　巴黎圣母院高耸的尖塔

文艺复兴时期的匀质空间

文艺复兴运动是一场思想文化运动，它掀起了一段科学与艺术的革命，揭开了近代欧洲历史的序幕，被认为是中古时代与近代的分界。恩格斯曾对“文艺复兴”在历史上的进步作用给予高度的评价，他说：“这是一次人类从来没有经历过的最伟大的、进步的变革，是一个需要巨人而且产生了巨人——在思维能力、热情和性格方面，在多才多艺和学识渊博方面的巨人的时代。”

文艺复兴建筑风格是一种伴随着文艺复兴运动而诞生的建筑艺术风格，它的出现是基于对中世纪神权至上的批判和对人道主义的肯定。该时期的建筑师希望借助古典的比例来重塑理想中古典社会的协调秩序，他们从古代数学家对于完美的数学模型的理解中得到启示，认为世界是由完整的数学模型构成的，而大自然与人类的美皆源于这些完美的数学模型。或者说，文艺复兴建筑讲究比例、尺度和秩序，在其内部空间中表达一种对匀质秩序的追求，同时体现出一种美与和谐作为绝对价值标准的普遍信念，从对神性的崇敬转向数学语言对世界的构想。

这个时期的人们开始慢慢地走出精神对宗教的绝对依附，转而思索人类自身作为一种具体的存在和存在于世的价值，人类的创造性被赋予了与神性对等的位置。在该时期的建筑师和艺术家看来，哥特建筑就是基督教神权统治的象征，它必须被扬弃，而古希腊和古罗马的建筑，特别是古典柱式构图则体现着和谐与理性，并与人体美存在着相通之处，而这恰好吻合了文艺复兴建筑人格化的要求。该时期最具代表的建筑是罗马的圣彼得大教堂，它是一座长方形的建筑，整个殿堂的内部呈十字架形状，在十字架交叉点处是教堂的中心，中心点的地下是圣彼得的陵墓，地上是教皇的祭坛，祭坛上方是金碧辉煌的华盖，华盖的上方是由米开朗基罗设计的教堂顶部的圆穹，在圆穹的周围和整个殿堂的顶部布满了美丽的图案和浮雕。在这样的一种内向性空间中，一种安慰或美好的感觉油然而生，在神性被渲染的同时，人性也得到了关照（图1-1-12）。

在这个时期，城市中的广场也得到了前所未有的发展。按照性质可划分为集市活动广场、纪念性广场、装饰性广场和交通性广场等；按照形式又可划分为长方形广场、圆形或者椭圆形广场、不规则形广场及复合式广场。早期广场周围的布置比较自由，空间相对封闭，周围有附属建筑作为陪衬；而后期出于对普遍性几何化与人格化的追求，广场空间变得较为开敞，也较为严谨，雕像被放置在广场中央，周围常见柱廊。相对于哥特教堂的广场空间，文艺复兴广场概念的发展是内向性空间外化的主要体现，这一认识在系统化的比较中清晰可见。

图1-1-12　罗马的圣彼得大教堂外观及内部空间

过往的建筑与文化之间的关联通常是一种半自然的自发性行为，而文艺复兴以来的建筑与人文思想的结合已经成为由人们意识主导的主动行为，所以此时的建筑讲究尺度协调、宜人，追求水平与垂直方向上的均衡，不管是宗教建筑，还是世俗建筑都在与人文、环境及自然发生着不同程度上的关联，显然，匀质空间并不排斥空间的多样性存在。作为该时期的代表性建筑师，伯鲁乃列斯基㊀接受的第一项建筑任务是佛罗伦萨的育婴堂，它长长的券廊在佛罗伦萨拥挤、弯曲的街道上非常少见，其8米高的拱券更是令人啧啧称奇。该建筑虽然没有使用大理石镶嵌作为装饰，却依然素净而高贵。它的柱式和柱头使其成为佛罗伦萨第一座让人清楚联想起古典时期风格的建筑（图1-1-13）。

图1-1-13　佛罗伦萨育婴堂

㊀ 伯鲁乃列斯基（Filippo Brunelleschi，1377—1446），意大利文艺复兴早期颇负盛名的建筑师与工程师，设计的圣洛伦佐教堂和圣灵大教堂都成为文艺复兴建筑的典范。

巴洛克时期空间的动态倾向

巴洛克建筑风格是17世纪、18世纪在意大利文艺复兴建筑基础上发展起来的一种建筑和装饰风格。其特点是外形自由，强调动态，偏好富丽的装饰、雕刻及艳丽的色彩，常用穿插的曲面和椭圆形空间。巴洛克建筑风格打破了对古罗马建筑理论家维特鲁威的盲目崇拜，也冲破了文艺复兴时期所强调的和谐、平衡与适中，以及文艺复兴晚期古典主义者制定的种种清规戒律，集中反映了向往自由与世俗的思想，而在其空间表达中也充满了矛盾、冲突和对抗等戏剧性效果。诺伯格-舒尔茨对其总结说："巴洛克的内容，也可以理解成一种对立物的综合：空间和体块；运动和静止；封闭和延伸；亲近和疏远；强劲和温柔；高贵与微妙；幻想与真实；人类的杰作（opera di mano）与自然的杰作（opera di natura）等。"㊀

具有开放性的运动和变化是巴洛克艺术的灵魂，它突破了静态和封闭的传统，空间的概念由中心开始对外发散，并保持强劲的态势。作为巴洛克盛期的代表性雕塑家兼建筑师，乔凡尼·洛伦佐·贝尼尼㊁所塑造的人物总是处于激烈的运动中，大理石在他手中仿佛失去了重量，人物的衣服总是随风轻轻飘起，给人一种轻快、活泼和不安的感觉。贝尼尼最伟大的建筑艺术成就是圣彼得大教堂前的柱廊环绕广场，该广场呈现为一个巨大的椭圆形图案，而连接教堂处则为一梯形前庭——他用这种形式比喻教堂是母亲，两臂作环抱状。椭圆形广场正中为1586年被西克斯图斯五世（Sixtus V）移至教堂前面的梵蒂冈方尖碑。广场作为一个开放的系统，接纳了所有发散的力量，而方尖碑的位置使其成为这些作用和力量汇聚与交织的中心，并将广场的信息传递到世界各地（图1-1-14）。

图1-1-14　圣彼得大教堂前的柱廊环绕广场

㊀ 克里斯蒂安·诺伯格-舒尔茨. 西方建筑的意义[M]. 李路珂，欧阳恬之，译. 北京：中国建筑工业出版社，2005:168.

㊁ 乔凡尼·洛伦佐·贝尼尼（Giovanni Lorenzo Bernini，1598—1680），意大利建筑家，在雕塑和建筑设计方面成就斐然，作为17世纪艺术上最伟大的革新者之一被载入世界艺术史册。

巴洛克建筑强调古典文法的修辞，一方面增加了光影的对比和空间的层次感，另一方面又将古典语言组合得富有变化，同时将曲线、弧面和椭圆等形式引入到建筑之中，营造出了一种富有动感的视觉体验。巴洛克建筑师与文艺复兴的前辈一样，都十分重视空间效果的整体统一性，这种整体统一性与开放性和动态性相结合，共同构成了巴洛克建筑空间一种内在的、完整的系统组织，并基于连续性、相互依存和多样化的原则之上。这使得一切所谓的浮夸、不合规矩、不循逻辑和流于装饰的说法都被彻底击碎，因为它们终究都是形制和空间的表象。

同样是巴洛克盛期的代表性建筑师，弗朗切斯科·博罗米尼㊀在设计圣卡罗教堂时，以其新颖的布局和改革传统的大胆手法，轰动了全欧洲，由于内部空间狭小，他就将通常分开布置的三个部分大胆地组合在一起，教堂的内部空间在精心控制的光线下，产生一种幻觉效果，椭圆形的拱顶似乎悬浮在教堂上空（图1-1-15）。

巴洛克建筑中装饰的不断变化与空间的连续变换，都在暗示一种生命状态的立体感、纵深感、层次感和无穷感，而其内在空间的开放性、动态性和统一性又使其成为一个有机的系统。在其有机的动态化倾向中，可以看到内向性空间开始脱离严格的象征性表达，内向性空间的分化不容怀疑，也无法回避。

图1-1-15　圣卡罗教堂外观及内部空间

㊀ 弗朗切斯科·博罗米尼（Francesco Borromini，1599—1667），意大利巴洛克艺术风格建筑师，在成就上虽略逊于贝尼尼，但在许多方面都是个更具天才的建筑师。代表性作品主要有圣卡罗教堂和圣伊沃·德拉·萨皮恩扎教堂等。

第二节 | 从启蒙运动到解构的空间跨越

现代的空间概念是一个复合隐喻，它体现了我们对分离、区分、连接、隔离、划界、分裂、区别和一致等的所有概念和体验。我们的透视法则和几何定律是我们对异化、独特认同和无关联的一般体验的提炼总结。它已完全被抽象化、外化和综合为寒冷、空无的虚无——我们称之为空间。这个空间的隐喻是我们的一个现代机制，旨在避免对统一体（unity）的单一、混沌和终极状态的体验——每一时代的神秘先知和哲学家对之作过论述。

——罗杰·琼斯《作为隐喻的物理学》

启蒙运动时期对自由空间的设想

18世纪中叶，影响广泛的巴洛克建筑已经失去了前进的动力，产业革命和社会变革也间接地宣告了旧秩序的全面衰退。相对于全新格局的形成，人们更加渴望摆脱封建专制的统治和教会的压迫，由此掀起了一场空前的思想解放运动——启蒙运动。随着启蒙运动的推进，人们对于个性解放、自由平等的追求更加强烈，人们对于事物的思考更加开放、理性和成熟，更具现代性和哲理性。这样一来，等级化空间在建筑和城市中开始解体，一直以来处于传统城市核心地位的教堂，也逐渐被博物馆、剧院、展览馆、纪念碑和住宅等所替代，而且在工业革命所带来的技术革新的支持下，建筑在水平和垂直方向上都得到了长足的发展，建筑内外空间的交融和互动也变得更加轻松。

在启蒙运动的影响下，产生了诸多建筑派别，其中主要以新古典主义、浪漫主义、有机建筑、折中主义、功能主义及现代主义等最具代表性。如我们所知，历史中的事物在尚未形成公式化的时候，人们总会将目光投向过去，从古典法式或历史事件中寻求突破的原动力和新的契机。新古典主义的设计风格其实是经过改良的古典主义风格，它的产生起源于建筑师们对建筑现实进行纠正的冲动，后来逐渐转变为一种文化策略。

新古典主义保持了一贯的高雅与协调，同时在其内部空间的处理上也表现得更加开放和包容。美国建筑师罗伯特·斯特恩㊀曾说："作为一个现代人，我相信古典建筑语言仍然具有持久的生命力。我相信古典主义可以很好地协调地方特色与从不同人群中获得的雄伟、高贵和持久的价值之间的关系。古典主义语法、句法和词汇的永久的生命力揭示的正是这种作为有序的、易解的和共享的空间的建筑的最基本意义。"（图1-2-1）

浪漫主义在艺术上强调个性，提倡自然主义，主张用中世纪的艺术风格与学院派的古典主义艺术相抗衡，这种思潮在建筑上表现为追求超尘脱俗的趣味和异国情调，以英国国会大厦为代表（图1-2-2）。折中主义建筑师任意模仿历史中的各类建筑样式，或者自由组合各种建筑形体，他们不讲求固定的法式，而是注重比例均衡和纯粹的形式美。

有机建筑崇尚自然并且赋予建筑以生命感，它是一种活着的传统，并朝向一些新的、令人激动的方向发展，它并非一种统一的运动，而是充满了多元、反常、矛盾和善变的特征。功能主义则认为不仅建筑形式必须反映功能，表现功能，建筑平面布局和空间组合也须以功能为依据，而所有不同的功能构件也应该被分别表现出来。对于这个时期的建筑而言，人们需要能够适应多种功能要求，并且能够被灵活分隔的大空间。最具代表性的建筑当属伦敦世界博览会的展示馆— 水晶宫，这一开创了近代功能主义的建筑是由园

图1-2-1　柏林勃兰登堡门

㊀ 罗伯特 · 斯特恩（Robert Arthur Morton Stern），美国建筑学家,国际建筑设计巨匠，后现代主义风格建筑设计的鼻祖，埃蒙德 N. 培根巨奖、理查德-德赖豪斯奖获得者。

图1-2-2　英国国会大厦

艺师约瑟夫·帕克斯顿（Joseph Paxton）㊀所设计，它是历史上第一座以钢铁、玻璃为材料建造的超大型建筑，在建筑形式和空间组织上都体现出一种全新的概念。诺伯格-舒尔茨曾这样描述："水晶宫被理所当然地看作是一种新建筑类型的表现，这类建筑体现了对科学与工业进步的普遍信仰。一种类似宗教信仰的情感在这种伟大明亮的空间中被唤醒。"㊁（图1-2-3）

图1-2-3　伦敦世界博览会的展示馆——水晶宫外观及内部空间

另外，启蒙运动时期的产业革命和社会变革改变了建筑和城市空间的传统格局。19世纪以后最重要的城市设计都是基于开放空间的普遍图景之上，以开放作为区域线性发展的思想基础，在人类的生存环境和自然之间建立起一种新式的动态联系。比如霍华德就将其"田园城市"概念设想为一种回归自然的、活着的有机体。从启蒙运动时期的这些建筑派别的发展来看，人类对于空间概念的强调，已经从建筑本身过渡到城市，再到人类生存的整个环境，兼具开放和动态的大空间概念清晰可见，特别是现代主义，它真正将这一空间观念推向了顶峰。

包豪斯精神与现代理性空间

包豪斯（Bauhaus）是德国魏玛市"公立包豪斯学校"的简称，包豪斯的成立标志着现代设计的诞生。工业革命推动了建筑的发展，但它与危机同在，因为人们根本不确定在工业技术和新型材料之后，建筑的形式会发生怎样的改变，而包豪斯的出现最先给出了较为完整的概念。包豪斯从成立伊始就有着崇高的理想和远大的目标，在时任校长的瓦尔特·格罗皮乌斯（Walter Gropius）所制定的《包豪斯宣言》中曾这样写道："完

㊀ 约瑟夫·帕克斯顿（Joseph Paxton,1803—1865）,英国著名园艺师、作家和建筑师,他所运用的独特的构造方式和设计理念赢得建筑与工程领域的广泛赞誉,代表性的建筑为伦敦世博会的"水晶宫"。

㊁ 克里斯蒂安·诺伯格-舒尔茨. 西方建筑的意义[M]. 李路珂，欧阳恬之，译. 北京：中国建筑工业出版社，2005：180.

整的建筑物是视觉艺术的最终目标。艺术家最崇高的职责是美化建筑。今天，他们各自孤立地存在着，只有通过自觉，并和所有工艺技师共同奋斗，才能得以自救。建筑家、画家和雕塑家必须重新认识，一幢建筑是各种美感共同组合的实体。只有这样，他的作品才可能被注入建筑的精神，以免迷失沦落为‘沙龙艺术’。”

包豪斯早期教育与表现主义关联密切，表现主义主张艺术的任务在于表现个人的主观感受和体验，坚信艺术可以改造世界，并且倡导用奇特、夸张的形体来表现时代精神，这种理想化的思想与包豪斯“发现象征世界的形式”和创造性的社会目标相一致。包豪斯早期基础课的教员伊顿过于强调直觉方法和个性发展，鼓吹完全自发与自由的表现，追求“未知”与“内在和谐”，然而这些实际上都与工业设计的合作精神与理性分析相去甚远。作为接替者纳吉将构成主义的要素带入到基础训练之中，强调形式与色彩的客观分析，注重点、线、面的组织关系，并借助实践，让学生在理解二维空间的同时，开始客观地分析三维空间的构成。这些都为工业设计教育奠定了坚实的理论基础，同时也意味着包豪斯开始由表现主义转向理性主义。

在设计理论上，包豪斯提出了三个基本观点：艺术与技术的新统一、设计的目的是人而不是产品，以及设计必须遵循自然与客观的法则来进行。这些观点对于工业设计的发展起到了积极的推动作用，使现代设计逐步由理想主义走向现实主义，即用理性的、科学的思想来代替艺术上的自我表现和浪漫主义。

包豪斯校舍本身就是理性与科学思想的实践产物，是现代建筑的杰作。它在功能处理上分区明确，便捷实用；在构图上采用了灵活的不规则布局，建筑体型纵横错落，变化有序；在立面造型上则充分体现了新材料和新结构的特点，法古斯工厂的工业建筑风格被应用到了民用建筑之上，完全打破了古典主义的建筑设计传统，获得了简洁和清新的效果（图1-2-4）。

现代主义在包豪斯的基础上发展成熟，它背对于传统的意识形态，涉及精神上、思想上、技术上和形式上的全面进步，具有明显的功能主义倾向。现代主义打破了千百年来建筑服务于权贵、宗教的立场和原则，鼓励建筑师摆脱传统建筑形制的束缚，大胆创作适应于工业化社会条件和要求的崭新建筑。作为现代主义思想的奠基者，柯布西耶认为新建筑是新时代的建筑，它需要遵循工业化的建造方法，依循基本的形体和几何尺度，满足合理的功能要求，超越个人情感，并且反对装饰。他以萨伏伊别墅为原型提出了新建筑的五大特点：底层架空、屋顶花园、自由平面、带形长窗和自由立面（图1-2-5）。

图1-2-4　包豪斯校舍

图1-2-5　柯布西耶设计的萨伏伊别墅

现代主义建筑空间概念是以笛卡尔三维直角坐标系为背景，伴随着近代哲学、科学的空间概念，并在产业革命的推动下发展起来。牛顿继承了笛卡尔的三维直角坐标系，却反对笛卡尔将空间等同于物的广延性，他把物质与空间区别开来，将物质视为坚硬、不变、互不相同、彼此分离的微粒，并在空间中运动，万有引力把物质、空间、运动统一在一起，构成了经典的物理世界。经过启蒙运动和近代科学的洗礼，人们基本上都将牛顿的物理世界当成了宇宙的真实图景、科学真理和普遍信条，即使相对论的诞生也没有从根本上撬动人们意识中的这一空间观念。

多米诺体系与机械秩序

自现代主义建筑诞生以来，柯布西耶、密斯、沙利文等建筑大师都曾提出过诸多新式的建筑概念，它们都可以被视为欧几里得几何空间的机械操作。如果考虑到现代主义建筑空间的功能作用，我们会发现，空间的机械操作主要是基于柯布西耶的“多米诺体系”和沙利文的“芝加哥框架”而发展出的新型结构。

柯布西耶对于空间的解放主要依赖于框架结构承重这一技术手段的支持。1914年，他提出了“多米诺体系”（Domino），主要是指用钢筋混凝土柱承重替代了承重墙结构，将传统的墙壁分解为承重与维护两种功能体，运用单一的“柱”体取代一切繁琐的结构形式。“多米诺体系”可以看作是梁、板、柱的组合，它的出现改变了人们长期以来对建筑空间结构的认识，使建筑本体脱离了厚重的墙体，出现了各种形式变化的可能性。“多米诺体系”中的预制框架体系不仅让新技术条件下的结构框架首先被确切地限定，同时它的存在也不再成为空间灵活布置的障碍。这种模式化的操作，提供了一种通用形式来适应现代生活中更加灵活与自由的多变功能，建筑师既可以较为自由地划分空间，也可以轻而易举地实现内外空间环境的连通与交融；而这一体系所表现出的水平性特点既可以被视为对功能理解的形式结果，又可以被视作反对旧有空间体系的形式目标（图1-2-6）。

“多米诺体系”的提出对现代建筑有着极其重要的意义，它使得现代建筑语言得到了重构和梳理，使得自启蒙运动以来朦胧的新式空间构想得以确立，也使得建筑学的表现手法与建造方式得到统一。另外，它也为柯布西耶基于功能的形式操作提供了技术支持，为密斯及其他同时代的建筑师借用理性的方式表达时代精神提供了契机。

柯布西耶所表达的价值取向，就是人们不但要拥有突破既定模式的能力，而且也要具有承担这种新的空间形式对于人类存在意义的责任。柯布西耶从古典审美出发，强调现代建筑在坚守几何美与艺术追求的同时，还要关注现代机械秩序的合理成长。他以改革社会适应新时代为起点，提出古典主义的静态美如何与现代主义动态美相协调的问题，因为在现代主义美学观念中，空间的动态性和力与力之间的平衡已经超越了对神性的单一崇拜。机械的观念不仅是时代的产物，还变成了世界性的模式，它代表了现代主义工业生产的理性精神，以及建筑几何体组合的艺术。因此，柯布西耶提出“住宅是居住的机器”的口号，他甚至认为，“在当代社会中，任何一件新设计出来为现代人服务的产品都是某种意义上的机器”。马赛公寓的设计暗合了“居住机器”的理念，它留给人们的印象不仅是视觉上的冲击，更是设计理念的创新与观念上的更替（图1-2-7）。

柯布西耶在《明日之城市》一书中这样写道：“如果我们承认机械之美是纯粹理性的结果，问题立马就会出现：机械作品没有永恒的价值。每一件机械作品都将会比之前的作品更加完美，不可避免地，它也必将会被后继的作品所超越。昙花一现般的美丽很快落入可笑的境地。然而，事实往往并非如此；在严密的计算过程中，激情已经产

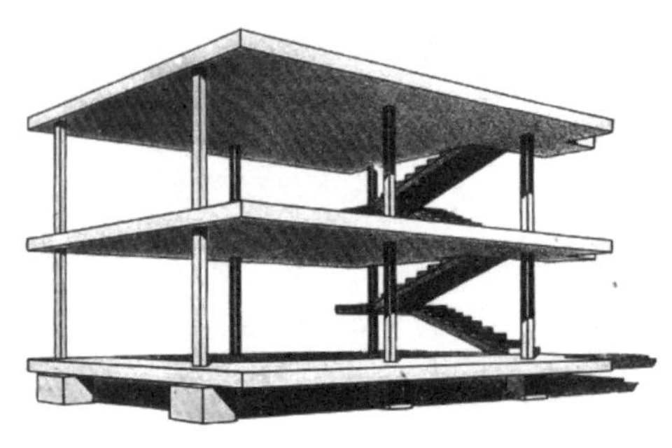

图1-2-6　柯布西耶提出的“多米诺体系”模型

图1-2-7　柯布西耶设计的马赛公寓

生。”㊀

基于机械之于建筑的特殊意义的理解，柯布西耶成为了机械美学理论的开创者。无独有偶，现代哲学的奠基人笛卡尔通过数学方法的普遍使用，发展了对于简单性、秩序和因果作用的普遍信念，从而导致了机械论的世界观。他早在1637年发表的《方法论》中，就承认一个受“机械法则”支配的物质世界的存在，他将整个自然界看作一架大机器，并试图以机械运动来说明自然界的一切。

后现代主义的空间隐喻与象征性

后现代主义是20世纪60年代以来在西方出现的具有反西方近现代哲学体系倾向的一种运动思潮，而在理论上具有这种倾向的哲学家遍布现代西方的各个哲学流派。当代美国活跃的后现代主义者大卫·雷·格里芬（David Ray Griffin）曾说：“如果说后现代主义这一词汇在使用时可以从不同方面找到共同之处的话，那就是，它指的是一种广泛的情绪，而不是一种共同的教条——即一种认为人类可以而且必须超越现代的情绪。”㊁显然，后现代主义呈现出一种无中心的意识和多元价值的取向，由此带来的一个直接结果就是评判价值的标准不甚清楚或全然模糊，从而使人们的思想得到了较为彻底的解放，也让人们对于自我有了更加深刻的认识，而不再拘泥于社会理想、人生意义、国家前途和传统道德等。

后现代主义建筑作为对现代主义的回应，它排斥“整体”观念，强调异质性、特殊性和唯一性。后现代主义从作为本体的人出发，看低现代主义建筑抛弃传统文化，过分追求功能的操作，转向强调对人文传统的回归。1966年，美国建筑师罗伯特·文丘里（Robert Venturi）在《建筑的复杂性和矛盾性》一书中，提出了一套与现代主义建筑针锋相对的建筑理论和主张，在建筑界特别是年轻的建筑师和建筑系学生中，引起了广泛的震动和响应。而到了20世纪70年代，建筑界中反对和背离现代主义的倾向更加高涨（图1-2-8）。

后现代主义建筑语言具有“隐喻”“象征”和“多义”的特点，表现为建筑造型与装饰上的娱乐性和处理装饰细节的含糊性。在《建筑的复杂性与矛盾性》和《向拉斯维

㊀ 勒·柯布西耶. 明日之城市[M]. 李浩,译. 北京：中国建筑工业出版社，2009:45.
㊁ 大卫·格里芬. 后现代科学——科学魅力的再现[C]. 马季方，译. 北京：中央编译出版社，1995:17.

图1-2-8 罗伯特·文丘里设计的母亲住宅

加斯学习》等书中，都表现出了文丘里对含混模糊，具有隐喻和象征意义的风格的明显偏好。文丘里的设计与社会、文脉和文化紧密相关，他创作的基础主要源于对历史建筑信息片断的汇集，以及与现有的设计模式的结合，在表达自身个性的同时，又与建筑所处的环境密切相连。他曾强调说："一座出色的建筑应有多层含义和组合焦点：它的空间及其建筑要素会一箭双雕地既实用又有趣。"㊀

斯特恩提出后现代主义建筑的三个特征：采用装饰；具有象征性或隐喻性；与现有环境融合。其中，象征性主要指的是通过空间形式和外部形象构成中的特征来表现，其处理的手法大致有对比、分解、穿插、断裂、错动、变形和进化等，这些变化都是对现代建筑原有规则和单一倾向的突破，对规则的对立和抗争，以及对空间多样性的重构。在后现代主义建筑师看来，装饰性和隐喻性是后现代主义建筑最外在的特征，它不再是强调功能的途径，而是表现个人风格的手段，随着它的国际化趋势，而逐渐被强调成为它的唯一特征。后现代主义建筑师们通过多种方式来创造空间隐喻，强调建筑意义、建筑语言和符号功能，并利用符号功能创造出生动而意味深长的建筑形象。

后现代主义时期的建筑空间在形式上继承了现代主义建筑的特点，并在其基础上，尝试着从历史文脉角度赋予空间以内涵，给予空间某种形式，以唤起人们对过往空间的印象，达到回归传统的目的。美国后现代主义代表性建筑师迈克尔·格雷夫斯（Michael Graves）设计的波特兰大厦集中体现了后现代主义特色，使其成为后现代主义的里程碑

㊀ 罗伯特·文丘里. 建筑的复杂性与矛盾性[M]. 周卜颐，译. 北京：知识产权出版社，中国水利水电出版社，2006:16.

式建筑。格雷夫斯不仅通过建筑内在的和固有的性质来反应建筑的原始含义，还附加了一些标示性、象征性、幻觉和隐喻的东西，因为在他看来，成功的建筑设计应该概括或给出这种双重的表达。曾有人将此建筑评价为“以古典建筑的隐喻去替代那种没头没脑的玻璃盒子”（图1-2-9）。

图1-2-9 格雷夫斯设计的波特兰大厦

发生在“间隙的边缘”的对峙

解构主义源于结构主义，结构主义的先驱索绪尔[㊀]曾指出语言是抽象的“符号系统”，符号和符号之间的关系是语言学研究的对象，也就是说，作为理性哲学的结构主义坚信世界是由结构中的各种关系，而不是由事物本身构成。这种结构是人与现实世界的媒介，结构主义透过以“要素为中心的”世界，来探索“关系”世界，进而超越内容而进入纯形式的层次。

然而，法国哲学家雅克·德里达（Jacques Derrida）却以其“去中心”的观念，反对西方哲学史上自柏拉图以来的“逻各斯中心主义”传统。并宣称并不存在一个所谓的结构中心，结构是没有等级限制的，在结构中任何一个位置都不具有优先性。德里达提出了“解构主义”，他的核心理论是对结构本身的反感，认为符号本身已经能够反映真实，对于单独个体的研究比对于整体结构的研究更加重要。解构主义反对一切封闭、僵硬的体系，大力宣扬主体消散、意义延异和能指自由，正如德里达所强调的“解构主义并非一种在场，而是一种踪迹”。另外，解构分析的主要看法是一个文本中的二元对立，且呈现为二元对立所面向的事实是流动和不可完全分离的，而非两个严格区分的类别。概

㊀ 费尔迪南·德·索绪尔（Ferdinand De Saussure,1857—1913），瑞士语言学家，现代语言学理论的奠基者，他把语言学塑造成为一门影响巨大的独立学科。

括而言，解构主义的最大特点就是反中心、反权威、反二元对抗、反非黑即白的理论。

解构主义建筑是解构主义哲学思想在建筑领域的实践。解构主义建筑作为一种建筑思潮，一种既成的存在，有其自身的社会背景和存在基础。它反对传统的价值观念，消解传统的认知体系，显现出激进的思想和变革的态度。正是基于对传统秩序与等级批判的斗争性，才使解构主义建筑表现出与传统建筑矛盾冲突的外在形态，一种不安宁的动感表达不仅是对原有秩序禁锢的挑战，更多的还是对发展建筑空间的积极思考。总体而言，解构主义哲学在建筑领域的移植，成为了建筑新的生长点，它向人们展示了极具个性的建筑形象，为建筑概念的拓展提供了更加开阔的思路。

1988年在美国纽约现代艺术博物馆中所进行的题为“解构建筑”的展览，成为解构主义建筑在建筑发展史上的一个里程碑事件。尽管展览中的大部分作品只是建筑师们构想的一些影像和模型，但是它们所表现出对传统建筑观念的颠覆和对陈旧建筑语言的扭曲，都让当时的人们倍感惊讶，某些媒体甚至将其描述为“那些模型都像是在搬运途中被损坏的东西”，“那些建筑画画得好像是从空中观看事故火车的残骸”。

作为解构主义的先锋人物，彼得·艾森曼（Peter Eisenman）是一位令人费解的建筑师，他质疑建筑设计中现行的种种标准和原则，他的设计基本不受现代建筑教条的约束，而且他喜欢用一种与众不同的方式设计建筑，并将其他众多领域的知识运用到建筑的设计之中。彼得·艾森曼曾说：“我喜欢游戏，我觉得生活中除了游戏再别无其他的了。对于我来说，游戏是很严肃的活力。”在艾森曼看来，建筑文本意义不在其自身，而在于观众与它接触时的体会（图1-2-10）。

图1-2-10　德国柏林犹太人大屠杀纪念碑

在诸多前卫建筑师看来，信息时代中物质与精神的对立似乎正在消失，设计正走向艺术与科学之间的“边缘地带”。所谓的“边缘地带”是指对立双方融合、对话、拼贴和交织的场所，在设计中则表现为一种“不确定的情感”或一种更加“抽象的关系”。而彼得·艾森曼也一直致力于“间隙的边缘”概念的研究。由他设计的维克斯纳视觉艺术中心项目就生动地反映出了信息时代所呈现出的前所未有的动态性、虚拟性和模糊混沌的状态（图1-2-11）。

图1-2-11　彼得·艾森曼设计的维克斯纳视觉艺术中心

空间、运动和事件

现代主义以来的一系列建筑运动似乎确立了空间在建筑中的核心地位，然而，伯纳德·屈米（Bernard Tschumi）却强调空间只是一个诱发事件，还有比空间更重要的东西，那就是各种观念的混合与永恒不变的置换，这些似乎都在暗示社会结构与空间观念的更新气象。屈米认为：“没有程序就没有建筑，没有事件就没有建筑，没有运动就没有建筑。”或者说，建筑是空间、运动和事件的结合产物。其中，“空间”指的是身体和物质空间的构成；“运动”指的是身体在空间中的运动；“事件”可以是一次行动、一种使用或一项功能，它与建筑空间和形式之间不存在一一对应的关系。在屈米看来，这三者之间不存在等级高低之分，只是身体运动的动态特征决定着空间中所发生事件的多样性与活力。

屈米的主张明显反对机械主义思维对当代都市生活的真实性和差异性的忽视，并指出机械主义是造成现代建筑枯燥乏味的根本原因。在他看来，建筑应该是具有“愉悦感”的，而这种真实的愉悦感就是源于建筑中运动和事件的发生。

屈米提出“事件-空间”这一概念，试图探求在建筑预期的使用和预期的形式之间造成分裂的可能。“事件-空间”的提出打破了现代建筑关于“功能-形式”的因果关系的教条，屈米指出建筑和城市的重要不仅在于其物理形式和空间形态，还包括发生在其中的事件，由于空间与事件的关联是错综复杂的，所以在同一空间中又可以并存完全不同的事件模式。大量的实例证明在建筑类型和使用之间出现的分裂、置换、错位等现象，都属于屈米所提出的“事件性”。

人类承认身体的运动具有偶发性、不连续性和异质性的特点，同时也承认身体的运动相对于建筑空间来说是不稳定的，这突破了传统的现代建筑和城市关于空间的统一性和连续性的固有认知，进而让人们认识到建筑和城市空间中的破碎性、离散性、矛盾性和不确定性同样拥有迷人的气质（图1-2-12）。

在现代主义时期，建筑空间是“机械秩序”下的产物，而在屈米看来，空间却成为了接纳身体运动和事件发生，并具有潜在关联性的“有机体”。这是一次空间观念上的重大转变，他引导人们切入到一个全新的视角去探索建筑，而这也让人们理解了为什么在大部分后现代主义建筑师们还用“文脉”这个词来形容建筑与周边场地之间的关系的时候，屈米却已经标新立异地宣称：“建筑文脉不是指一栋建筑和它周围环境的关系，而是指空间和在空间里所发生的运动之间的关系。”

屈米对建筑批判性的理解至今仍是他设计实践的中心思想。受到“没有事件发生就没有建筑的存在”思想的影响，他在设计中通过组织事件的方法，建立起层次模糊、不明确的空间，并借此暗示一种较之惯常的生活更有效的理解方式。可以说，他的设计为人们提供的是充满生命力的场所，而不是重复已有的、陈旧的机械美学。

图1-2-12　拉·维莱特公园中的动态与梦幻表达

第三节 | 虚拟空间的真实扩张

在这个世界里，我们转瞬之间就可以从一种活动转入另一种活动。在这个虚拟世界里，只有和数据运算速度相关的物理定律在起作用，在凭借电线和空间起作用，在凭借使之运转的电力起作用；在这个世界里，活动所处的物质场所并没有多大的意义；我们的网上通信在这个虚拟世界里进行，于是，我们看电影的网站所在的物质场所（在那个实在的电脑里），并没有多大的意义。

——保罗·莱文森《真实空间》

信息化“病毒”对物理空间的侵占

自20世纪后半叶以来，信息技术在全球的发展异常迅捷，随着它的日渐成熟，世界的格局也发生了巨大的变化，全球化、信息化、网络化和消费化的社会特质如“病毒”一般几乎扩散到了社会的每一个角落。信息技术已经改变和正在改变着人们生活、交往、工作和娱乐等各种行为的方式，与此同时，一种适应信息时代的社会文化也开始形成，它的进步性和超越性是以往任何一个时期都无法比拟的。就像尼古拉斯·内格罗蓬特㊀所说：“计算机不再只与计算有关，它决定我们的生存。”

信息化的本质是信息的数字化，是以数字的形式对事物运行方式的表达。它主要是建立在计算机技术、数字化技术和生物工程技术等先进技术的基础上而产生的，并以超乎想象的速度在发展。人类社会从工业化机械大生产发展到以信息传递和处理为标志的信息化新阶段，经历了从突出物质与能量的转化过渡到关于时间与空间的转换，实现了

㊀ 尼古拉斯·内格罗蓬特（Nicholas Neggroponte），美国麻省理工学院教授。

有形的物质产品创造到无形的信息创造价值。

显而易见，信息技术既是一个技术的进程，也是一个社会的进程。信息技术的进步促使社会结构呈现出网络化特征，也促进了社会空间利用的多元化，人们的生活空间不再局限于物质空间，同时也在趋近于虚拟空间。也就是说，面对信息化“病毒”的全面来袭，单纯为了满足使用功能要求而存在的物理空间不得不面对信息化、网络化所营造的虚拟空间的巨大冲击。

基于信息技术支持下的空间并非是由点、线、面组成的三维笛卡尔空间，而是一种与传统物理空间截然不同的新型社会空间，是一个人们可以进行相互交流的新媒介、新场所，一种网络化虚拟空间体系。具体体现在如下四个方面：其一，虚拟空间大大拓展了人们的认识领域，提供给人们更加逼真、选择性更多和操纵性更强的虚拟场景；其二，虚拟空间可以为人们节约有限的物理空间，优化资源配置，满足多种功能需求；其三，虚拟空间还可以提高建筑与城市空间的可变性和适应性，模糊传统空间概念，让人们在一个复杂多变的时代中能够更加从容自如；其四，虚拟空间同样可以接纳人们在其虚拟的环境中自由穿梭，帮助人们“踏入”现实生活中无法到达的场所，实现意识对空间的全方位观察和体验。

概括而言，网络化虚拟空间的产生是信息化“病毒”对物理空间侵占的必然结果，也是社会发展的必然阶段和自然产物，它所引发的社会变化是革命性的。而建筑和城市空间从形态到结构，再到抽象概念等诸多方面都需要对此作出相应调整，建筑和城市空间的定义也必将延伸和扩展到虚拟空间的领域，而不仅仅是人们的身体所能直接踏入的物理空间（图1-3-1）。

图1-3-1　电视剧《穿越时间线》中的虚拟空间场景

“超文本”叙事下的建筑与空间

对比人们所熟悉的物理环境，虚拟空间的本质是流动的。在虚拟空间中，信息可以以比特的形式自由穿梭，并以文字、影像和声音等各种可感知的媒体进行串联。虚拟空间在模拟传统物理空间的同时，也延伸与强化了物理空间所提供的信息和机能。而当物理空间与虚拟空间之间的界限趋于模糊，甚至于结合共生并产生交替时，兼具两者特性的中介空间将成为未来的重要空间构成。

物理空间与虚拟空间的结合始于数字与虚拟技术在建筑领域的推广。近些年来，数字与虚拟技术在建筑上的应用已经相当广泛，它从最初的辅助设计角色，逐渐转变成为设计本身。也就是说，数字技术不仅拓展和延伸了建筑师们的设计思维，而且还为他们探索更加新颖的建筑形式和空间形态提供了更多可能。譬如哥伦比亚大学数字化建筑研究的代表人物格雷格·林恩（Greg Lynn）对于数字建筑的兴趣就主要集中在数字化的状态模拟，以及探求建筑中的复杂性等方面。

以玩味奇异的建筑形态而享誉世界的建筑大师弗兰克·盖里（Frank Owen Gehry）曾经说过：“作为一位建筑师，我相信如今我们都进入了一个崭新的时代，在这个时代里城市的未来不是由弗兰克·劳埃德·赖特或勒·柯布西耶建造的，这些景象都会消失，已经建造起来的作品虽有风格特点，但不解决社会问题。我认为在当今世界，建筑艺术的唯一出路就是与信息传媒、计算机和人文艺术更加广泛深入地联系。”这是盖里对数字技术在当今建筑创作中的重要性的肯定，这种肯定在他的一系列饱含艺术情感的建筑作品中都得到了印证。在他的设计过程中，从创意构思，到模型分析、结构计算，再到环境评估和实际施工都离不开数字技术的支持（图1-3-2）。

图1-3-2 弗兰克·盖里设计的洛杉矶迪士尼音乐厅数字化设计过程

数字与虚拟技术下的建筑空间，以其秉承的数字化手段，将空间美学带到了一个全新与革命性的阶段，它让人们对虚拟空间的感知体验突破了传统物理空间的限定，形成了物理空间与虚拟空间、现实存在与虚拟建构之间的交互联系，而这种传统物理空间与多媒体、虚拟现实等技术逐渐融合的过程，也为人们带来了全新的多重感官体验。

近些年来，包括扎哈·哈迪德（Zaha Hadid）在内的诸多先锋建筑师的作品中经常出现非笛卡尔体系的复杂曲线和曲面，无论是建筑的形态，还是设计的概念和方法，都与人们传统的认识极为不同，这些建筑就是数字化革命最直接的反映。新近落成的由哈迪德设计的意大利卡利亚里撒丁岛古代建筑和当代艺术博物馆，其建筑外观和内部空间形态都令人瞠目结舌，完全颠覆了人们对建筑的传统理解，很难用像什么、不像什么这样的词汇去形容它们。哈迪德通过交错的建筑元素的构建，创造了富有戏剧性和冲突的空间形态，即使自由、平滑的建筑外形也难以掩饰它的张狂与野性（图1-3-3）。

另外，数字技术在设计之外，还可以帮助人们解读和理解现实的复杂性，透析立体交叉和超链接的世界。哥伦比亚大学建筑规划与保护研究生院院长马克·威格利曾强调说，哥伦比亚大学的研究已经逐步从对形式创新的探索转向对材料、伦理、经济、历

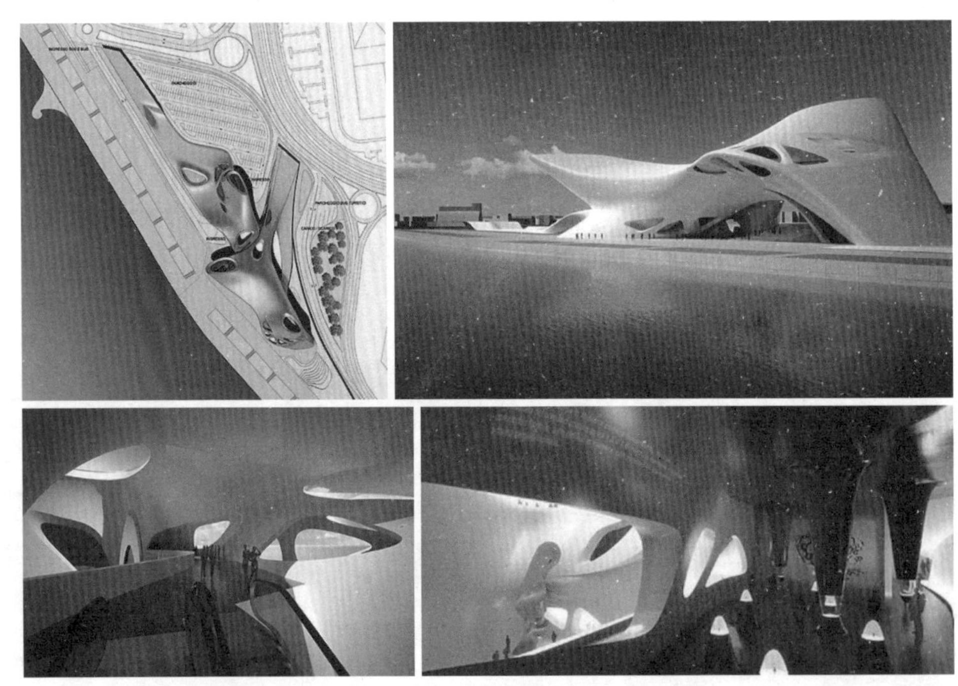

图1-3-3　意大利卡利亚里撒丁岛古代建筑和当代艺术博物馆平面、外观及内部空间

史、文化和政治的探索。而关于建造、细部、编程、组装、调整、适应性和分布的新技术方法，已经显现出在全球化背景下对建筑师和建筑角色的重新定位。

虚拟空间与浸入式体验

密斯·凡·德·罗曾经说过："技术不是一种方法，它本身就是一个世界。"那么，我们不禁要反问：当今的数字与虚拟技术将会把我们带入到一个怎样的世界，我们的身体和意识又会以怎样的方式进入到这样的世界之中呢？

以信息技术作为支撑而建构的网络化虚拟空间，为人们提供一种崭新的活动、交流和体验的环境。借助数字与虚拟技术，各种知识和信息可以以低廉、自由和高效的方式传递，形成多向与即时性的交流，使得建筑和城市中的空间体验趋于平衡，从而弥补物理空间的割据性，削弱距离对于空间作用的制约。

网络化虚拟空间就是利用数字与虚拟技术构筑抽象空间来表现物理空间，并在传送各种空间构成的基本特征和表现时，体验一种远程的建筑美学。这种信息技术对于空间的贡献主要是让空间构成不再局限于现实的空间环境，而是可以将虚拟与现实相结合，拓展空间多样性机制，进而创造出更加丰富与多变的空间体验。法国虚拟空间设计师P.凯奥认为："传统意义上的空间——康德所说的空间——是经历的先天条件，没有空间就不可能有在其中的经历。虚拟空间则不同，它不是经历的条件，它本身就是经历。虚拟空间可以随着人们对它的探索而产生。它们不但本质上是语言的空间，而且是在人们对它的体验过程中产生的。"

与物理空间中的身体感知不同，在虚拟空间中，人们更强调一种浸入式体验。查·戴维斯（Char Davies）在《虚拟空间》一文中曾这样写道："浸入式虚拟空间是一种哲学的和参与式的媒介，是非物质形体与切身感受、视觉图像与奇幻的现实混合而成的独特融合。这种看似矛盾的融合是其独有的力量所在。亲身进入其囊括一切的空间这种直接体验是最为关键的：它具有抽象性、暂时性和互动性的性能特点，并以实体化界面（embodying interface）为操作方式，浸入式虚拟空间确实成了一种颇具潜力的媒介。"㊀（图1-3-4）

㊀ 弗兰克斯·彭茨，格雷格里·雷迪克，罗伯特·豪厄尔．空间[M]．马光亭，章邵增，译．北京：华夏出版社，2011:66-67.

图1-3-4　浸入式虚拟空间体验

可以预见，建筑和城市空间将演变成为一种物理空间和虚拟空间相互依存、交互作用的复合体，虚拟空间以节省时间和提高效率等智能方式扩展建筑和城市空间，延伸和异化空间内涵，并将替代部分物理空间，使得建筑和城市空间综合性更强、效率更高，同时修复建筑和城市中的生态环境，彰显空间中的场所精神，强化人们的浸入式体验，使人们处于平衡与失衡、有序与无序之间的某种状态之中。

真实与虚拟的界限

康德曾说：“有两种东西，我们愈是经常不断地思考它们，它们就愈使我们的心灵充满永远新鲜和更加强烈的惊叹、敬畏，这两种东西就是：我们头上的星空和我们内心的道德法则。”在过去很长的时间里，人们对于真实与虚拟的认识止于头上的星空和内心的道德法则，对于真实与虚拟的理解和表达的手段并不是很多，而宗教和艺术，特别是绘画艺术是其中主要方式。

艺术是介于真实与虚拟之间的一种互动媒介，是人类文明和社会发展的一个支点，是处于对抗中的一种动态平衡因素，或是对抗现实状态的一种观念反转。比利时超现实主义画家雷尼·马格利特（Rene Magritte）在他后期的一些绘画艺术中，总是竭尽所能地去营造一种违反经验与逻辑的视觉错置效果。不管是物体与周围环境之间的比例关系，还是绘画世界与现实世界之间的界限，都成了他打破、错置与颠倒的切入点。在他创作的《形象的叛逆》中，他阐明了一个深刻而又重要的观念，即绘画中的物象只是现实中事物的一种形象化表现，在本质上，它们之间是不能画等号的。绘画的世界实际上是一个虚构的世界，在这个世界里，事物并不遵循物理的规律，而是遵循形式和情感的规律，甚至以一种反逻辑的面貌出现（图1-3-5）。

图1-3-5　雷尼 · 马格利特创作的《形象的叛逆》

随着信息技术对人们生活影响的加深，也为艺术领域带来了巨大的驱动力，艺术作品中所潜藏的意境和意蕴在互动媒介中渐渐浮现，而成为被体验和被消费的对象。正如保罗·莱文森所认为的那样，未来艺术的发展将同等地反映由技术进步所引发的变革。当人们开始尝试将艺术与虚拟现实系统的感知框架进行深度结合之后，发觉那些高于我们所熟知的时空层次的艺术语言形式已经被创生和培育。也就是说，数字与虚拟技术不仅影响和改变着既有艺术的传统和生产方式，同时还动态地开辟出了新一维超现实空间——虚拟空间。

真实世界中的虚拟是人类的一种意识投射，是人类超越自身有限与短暂的生命冲动。真实是一种客观实在，而虚拟作为真实事物的表征，从某种意义上讲，也同样是一种客观实在，只是虚拟更多描绘的是人们日常生活中难以捕捉的，微妙而又短暂的瞬间。当然，人们也明白虚拟与虚拟的真实都是人类存在的真实映射，只是它们的存在状态截然不同。

综上所述，我们不难发现，虚拟空间对人们生活的介入彻底打破了真实与虚拟之间的界限，当人们试图从真实的空间进入虚拟世界的时候，会惊奇地发现这个虚拟的世界也会呈现出另外一种现实性与真实性，而在现实与虚拟空间的切换之间，一种全新的感知体验正在悄然生成。这种新式的感知体验颠覆了传统的意识经验，也改变了人们长久以来的知觉模式，让人们对此充满了好奇和期待。笔者在《道·设计：建筑中的线索与秩序》一书中曾对此这样描述：“人类普遍对拥有神秘感的事物充满好奇，无论这种神秘是平静的，还是动荡的；无论它是温和的，还是剧烈的。人类是游走于真实与虚无界限上的生物，神秘是游离在真实与虚无之间的状态，神秘和好奇引领着人类前行，人类总是不满足地渴望超越和超脱，这样一来，真实就成为了一种真实的尴尬。”㊀

㊀ 徐守珩. 道 · 设计：建筑中的线索与秩序[M]. 北京：机械工业出版社，2013:184.

建筑概念的分离和弱化

法国哲学家利比雅兹曾说过：“这是一个怀疑和发问的时代，也是个体系崩溃，任何叛逆都可以说得通的时代。”诚然，当前的世界呈现出了前所未有的复杂性、多元并置与多学科的综合交叉性，而在此背景下与其相对应的社会文化、技术手段和交流媒介也必将面对加强与弱化、聚集与分离的混沌局面。

从工业化社会过渡到信息化时代，在人们的社会生活和生产中所体现出的技术渗透愈加密集，这也进一步加剧了人类文明进程中的产业分工的精细化程度，从文艺复兴时期无所不能的匠人或艺术家转变成为今天单一的建筑师职能，这是对建筑师职能的弱化。而在信息技术的全面推广和应用中，建筑是高度集中的智能化产品，它需要以与其相关的各个领域的研究成果和信息数据作为支持，也需要这些领域的人员的积极参与，这又进一步打破了建筑构思设计遵循个人思想和意志的传统模式，转变成为由建筑师团队主导的集体参与的共同设计。就像伦佐·皮亚诺所说：“建筑不是靠一个建筑师的艺术才华所能创造的，而是持久的协同行动的集体创造行为。”㊀

另外，信息技术对于建筑的影响不单单停留在技术操作层面，同时它也促进了建筑师对建筑空间、形态、结构形式和功能组织等诸多方面进行全面、系统、直观的思考和理解。信息技术既能够实现动态窗口和数据测评，让建筑设计更加合理且易于实施，也能够遵照程序指令协助建筑师完成更多原本需要在头脑中生成的构思。与此同时，建筑的真正使用者也可以在信息技术的支持下，全程、深度地参与建筑设计，在设计中实现更多个体的个性化要求，以及提出更多具有针对性的想法和意见，这样也避免了以往业主与建筑师缺少有效沟通和互动所造成的现实困扰。

随着信息化的高度发达和深度扩展，人们的生活与活动空间将会更加集中，更加强调私密性，建筑和城市的空间形态也会随之产生巨大的转变。设计本身会被集权程序所控制，而不再是某个建筑师个人意志或意识下的产物，在传统的设计被弱化或被取代的同时，建筑将沦为统治性规划设计下的工业化产品，被批量生产、运输和组建，最终被使用和消费，就像交通工具和日常用品一样（图1-3-6）。

㊀ 渊上正幸. 世界建筑师的思想和作品[M]. 覃力，黄衍顺，徐慧，等译. 北京：中国建筑工业出版社，2000:111.

图1-3-6　采取组装模式建造的酒店

以上所有这些或激进，或疑惑，或明确，或模糊的变化，也同时在反衬着建筑概念的分离，建筑师职能的转变。这在伊东丰雄的建筑哲学中也有所体现，他曾强调说：“一边创造一边思考，到达了某一点以后才知道下一步应如何对应，在不断地发现未知空间的过程中进行设计的方法，我认为才是更具有当代性的方法。如果在设计阶段就已经拥有了完美的构思，那么就只能针对一个设想的答案去进行设计。99%的设计都是如此，人们先寻求解答然后再进行设计。如果从另一个方向入手，让设计自身去发展，用更灵活的手法进行设计的话，那么从中得到的将是在建筑构造中随着设计的进展而产生的迥异的瞬间。”㊀

建筑的“非物质性”

古希腊哲学家柏拉图曾声称：“我们对于物质世界的感知是建立在永恒、非物质和理想的‘形式’上的。”康德哲学也曾鼓励人们将设计理解为一种自治的纯粹特征。埃德里安·佛蒂（Adrian Forty）曾写道：“设计的普及和它所带来的两极化是密切相关的：‘设计’促成了建造（Building）和建筑（Achitecture）之间的对立，一边是建造和它所包含的所有内容，另一边是非物质性的建筑。换句话说，设计所关心的是建造之外。”㊁

㊀ 大师系列丛书编辑部. 伊东丰雄的作品与思想[M]. 北京：中国电力出版社，2005:14-15.
㊁ Jonathan Hill. Immaterial Architecture [M]. Oxon and New York：Routledge. 2006:137.

尽管“物质的”和“非物质的”的具体所指异常模糊，相互掩盖且重叠，但是佛蒂所强调的“设计所关心的是建造之外”，主要还是指代建筑的“非物质的”存在。其实，人们对建筑的“非物质性”的理解不应该仅仅停留在物质体量的缺失，也应该包括建筑的非物质感知，而所谓的“非物质感知”或是通过物质材料的缺失来实现，或是直接将物质材料认知为非物质。理查德·罗杰斯[1]曾说：“建筑学不再是体量和体积的问题，而是要用轻型结构，以及重叠的透明层，使构造成为非物质性。”（图1-3-7）

图1-3-7　理查德 · 罗杰斯设计的劳埃德保险公司办公楼

[1] 理查德 · 罗杰斯（Richard Rogers），一位以表现当代技术而闻名的英国建筑师，普利兹克建筑奖获得者。代表性作品主要有与伦佐 · 皮亚诺合作的蓬皮杜艺术和文化中心、与福斯特合作的香港汇丰银行、伦敦的千年穹顶等。

很长时间以来，人们对于建筑“非物质性”的理解维持在诸多层面，譬如技术上对轻薄高强的追求、崇高的再现、资本主义经济的一切重新开始的机会、一种建筑的道德维度和可信性的丧失，以及对于行为而非形式的关注等。而随着信息技术的迅猛发展，建筑也终将成了技术密集的高科技工业化产物，这将加剧人们对于建筑“非物质性”的理解。

另外，在信息技术的作用下，建筑突出强调一种“状态”的存在，在混沌与有序之间不断变换，它的物质性被弱化，而信息化的“外衣”又使它成为一种开放性的媒介，表现得更加影像化，易于阅读和体验。图像的主要表现是和思维相关联的，它是一种对思想的探索、一种理论建设和思考物质的方式、一个梦想和探索的空间，它是非物质的。在信息技术的支持下，计算机成像就是一种建筑师对建筑“非物质性”的建造方式，它成为了联系建筑师思想和实存物质之间的一条纽带。信息技术构建了建筑的虚拟空间，计算机成像取代了物理空间，这都是建筑“非物质性”的重要体现。

随着信息化、复杂性科学对各个领域的全面渗透，建筑的发展势必要经历一个全新的历程，具有历史使命和创新精神的建筑师们都不得不将信息化社会的复杂性作为设计的基本策略，通过革命性的设计来反映当代人复杂的审美心理和意识形态的变迁，应对当前人们的审美异化所带给建筑审美的新挑战。当然，伴随信息技术的发展，以及建筑的“非物质性”的认定，都将为人类的行为和建筑重新回归自然生态系统创造条件，也会使人们更加关注建筑和城市未来的发展趋势。

第四节 | 空间失语与伦理相悖

现代主义者试图创造他们梦寐以求的野蛮世界，解构主义只不过是在这一过程中的一个阶段而已。这个世界中充满了不适合人们居住的城市、不停息的噪声、暴力和色情“娱乐”、自然资源的破坏、野蛮、危险而自私的人口，以及所有其他随之而来的恐怖事件，因此，这个世界正在迅速成为一场最可怕的噩梦，在这场梦中建筑甚至都扭曲、变形到威胁人类了。

——詹姆斯·史蒂文斯·柯尔《反建筑与解构主义新论》序言

反观暴力的“几何决定论”

早期的几何学是关于长度、角度、面积和体积的经验原理，主要用于测绘、天文、建筑及其他工艺制作中的实际需要，它产生于古埃及，却在古希腊时期得到了真正意义上的发展。作为古希腊天文学家和数学家的泰利斯（Thales）曾正确预测日食时间，并对一些几何图形开始系统研究；毕达哥拉斯提出“数”是世界万物的基础；而阿基米德则强调严密的逻辑推理，使其成为一门演绎的科学；另外，欧几里得按照逻辑系统将几何命题加以整理，著述了数学史上的光辉之作——《几何原本》。这本书不仅第一次让几何学变得条理化和系统化，还孕育出了欧几里得几何学这一全新的学科，使其产生着跨越时空的影响。

诸多世纪以来，艺术的发展和探索也都未曾脱离几何学的介入，譬如透视世界的立体派、脱离物质而存在的抽象派，以及回归理性的风格派和构成主义等。在建筑学领域，几何学所发挥的作用几乎是无可替代的，从静态的古埃及、古希腊建筑，到具有支配性秩序的古罗马建筑，到由内而外连续界定的哥特建筑，再到充满动态倾向的巴洛克建筑，都让人们见识到了几何学在建筑空间中所占有的特殊地位。然而，在上述的这些时期，不管是在绘画艺术领域还是建筑领域，几何学对于空间的影响始终都不具有决定性，否则这些时期或者阶段就不会出现如此明确的定义和划分。只有到了启蒙运动以后，现代主义才将几何学在空间中的意义推向顶峰，使其拥有了“统治性”的同时，也暴露出蛮横与暴力的倾向（图1-4-1）。

现代建筑空间作为无限、均质、几何化、背景化和抽象的物理空间，剥离了人们的主观意识和生活情景，对于人性和情感的掺入，都被视为外在与多余的。当空间被降格为这样的一种客观实在之后，人类处于世界中的位置也就变得模糊起来，因为与人性相关联的价值、伦理、和谐和意义等都在空间的营造中被驱逐。《启蒙辩证法》一书曾对此这样描述：“历来启蒙运动的目的都是使人们摆脱恐惧，成为主人。但是完全受到启蒙运动的世界却充满着巨大的不幸。”“启蒙的实质，就是要求从两种可能性中选择一种，并且不可避免地要选择对生产的统治权。人们总是要进行选择，要么使自然界受自己支配，要么使自己从属于自然界。随着资产阶级商品经济的发展，神话中朦胧的地平线，被推论出来的理性的阳光照亮了，在强烈的阳光照耀下，新的野蛮状态的种子得到了发展壮大。”

柯布西耶作为现代建筑运动的推动者，毫不掩饰自己对几何形体的迷恋，他曾在书中写道：“我在几何中寻找，我疯狂般地寻找着各种色彩以及立方体、球体、圆柱体和金字塔形。棱柱的升高和彼此之间的平衡能够使正午的阳光透过立方体进入建筑表面，可以形成一种独特的韵律。”柯布西耶认为是几何学将人造物带进了宇宙秩序的和谐之中，所以，在他的大部分设计中，无论是个人住宅，还是集体住宅，抑或是伟大的“都市计划”，都遵循了一个统一的概念——所有局部都服从几何学的简洁秩序（图1-4-2）。

图1-4-1 牛顿纪念堂设计

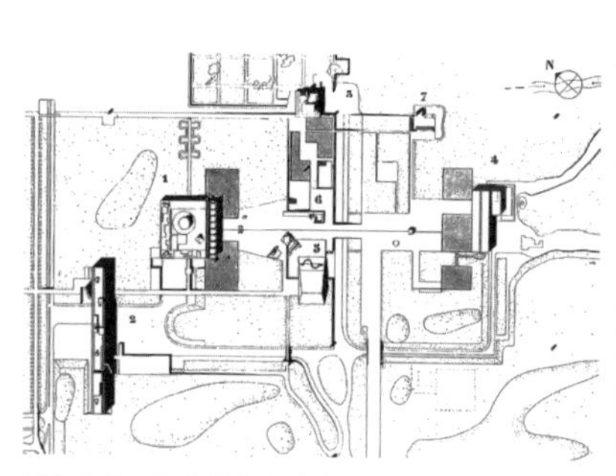

图1-4-2 印度昌迪加尔新城平面及法院外观

显然，柯布西耶的空间构想是与建筑的系统思考相统一的，主要表现为追求一种完整的形式秩序和自由的平面布局，强调空间的有机组织和几何的完整性。相对于过去而言，这些都是具有开创性和革命性的发展，然而，过分强调理性与纯质的现代空间都是新的野蛮状态所散播的种子。

我们承认这样一个事实：自建筑诞生以来，人类的建筑观总是在不断被翻新，只有建筑中的几何特性得到延续。但是，这样的一个事实并不代表几何学可以真正统治一切，即便它被柯布西耶所极力强调和推崇。处于人生后期的柯布西耶在设计朗香教堂的时候，已经通过“超越”之道背叛了理性主义传统，并在设计中透露出一种自我反思和修正之后的确切认识——信仰来自内心，而非几何。而我们从该设计中也能够领悟到，纯粹的几何特性区别于艺术化的审美感受，它所能带给人们的满足还远远不够（图1-4-3）。

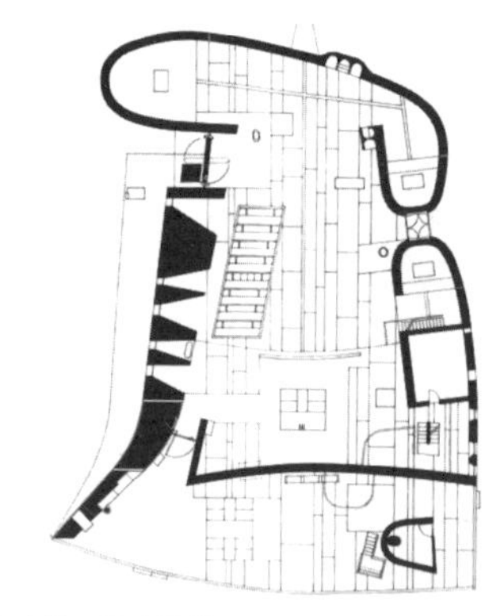

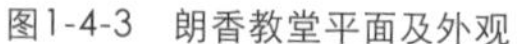

图1-4-3 朗香教堂平面及外观

理性崇拜与情感悬置

理性崇拜是自希腊文明以来西方文化的一个重要组成部分。理性在科学知识构成中发挥着强大的功能和无限的优越性，而近代哲学的理性主义信念也由此诞生。启蒙思想家把理性树立为最高标准，一切都须向理性看齐，在理性的审判台上接受检查，理性充当了解答一切问题的最终标尺或准则，取得了绝对统治地位。传统哲学的理性主义认为，凭借理性认识能力，透过变化不定的经验现象，必然获得具有普世性的关于最高本体的知识体系。

理性主义把人还原为没有精神的客观物质，人类生存的空间也就成为了一个缺少生机而仅由物质构成的冰冷世界，失去生命乐趣和自由的世界呈现出严重的单面化，这样的一种强势的理性崇拜在现代主义的一些建筑中被表现得淋漓尽致。在这些建筑中，相对于纯粹的几何体、钢筋与玻璃的搭接，以及模式化与毫不掩饰的粗犷外观，人们内在的情感因素显然遭到了悬置或抛弃。

18世纪中叶到19世纪属于新古典主义建筑的变革时期，其空间组织继承了从古典到文艺复兴时期的传统，带有明显的轴线和秩序关系。而在此期间，与新古典主义相抗衡的自由空间组织开始酝酿，并逐渐开始显露雏形。现代主义自由空间概念与文艺复兴时期沿用透视学的方式来认识和塑造空间完全不同，它开始强调理性的空间表达和身体的知觉体验。

密斯在设计范斯沃斯住宅时，最大限度地减少了空间中的实体，他通过四面透明的玻璃来消除室内的封闭，而只保留了卫生间的相对私密性。在密斯看来，这种透明的方式使得住宅空间得以自由流动；而从居住者的角度来看，这无疑是让居住活动失去了私密性，成为一种向公众开放的行为。我们不否认密斯对于现代建筑的试验和实践精神，也不否认他对于内部空间开放与灵活性的追求，但是，以牺牲空间对情感的孕育和对人性的关怀为代价，显然是理性崇拜过激的举措。简单的事物可能会带给人们更多的享受，也可能不会，一味地通过对理性和纯粹的强调来为个人的建筑哲学观念辩护，却不一定能够得到外界的普遍认同。这也是范斯沃斯住宅之所以备受争议的根本原因（图1-4-4）。

传统哲学将人类的本质看作是理性的，这在今天看来显然是荒谬的逻辑。叔本华认为，理性主义者把认识和意志的实际关系完全颠倒了，人是根据自己的欲求和意志来认识事物的，先有欲求然后才去认识；尼采也曾指出，知识不是人的最高目标，理性主义的知识论必然消解掉人的生命意志，然而生命意志才是人的本质，超越理性至上的精神

图1-4-4 密斯 · 凡 · 德 · 罗设计的范斯沃斯住宅

才是人性最深刻的表露；法兰克福学派也认为，工具理性渗透到社会的总体结构之中是造成单面文化、单面社会、单面人的思想根源，必须借用价值合理性取代用途合理性。哲学家和社会理论家赫伯特·马尔库塞㊀寄希望于用“审美之维”取代“理性之维”，来表达人性的崭新层面，为新的感性的到来开启新的亮光。

离奇的“空难”与人性的错位

自20世纪60年代以后，从波普艺术运动、文丘里的建筑理论新主张到詹克斯定义现代建筑的死亡，都可以看出人们对现代主义的质疑，而这也推动了后现代主义的发展。后现代主义主要是以反叛现代理性为宗旨，然而，它在强调身体与记忆介入的同时，也向外界表露了无限的偶然性。正如萨特将身体解读为“我的偶然性的必然性所获得的偶然形式”。我们在后现代主义的思想中，发觉到某些带有诙谐与戏谑性的心态，这种心态被嫁接到建筑的空间中，就演变成为了带有荒谬性的扭曲、变形、搭接和错置。这些操作的本意不在于创造美的愉悦，而仅仅是维持着对现代理性和传统美学的反叛，暗讽现代理性的虚伪和无意义。在格雷夫斯设计的加利福尼亚州迪士尼总部大楼中，屋顶山墙部分遵循了古希腊传统神庙的形式，然而原本优雅的少女雕像支撑却被改成了白雪公主故事中七个俏皮的小矮人（图1-4-5）。

㊀ 赫伯特·马尔库塞（Herbert Marcuse，1898—1979），著名的哲学家和社会理论家，法兰克福学派的一员,被西方誉为“新左派哲学家”。

后现代主义是人类集体意识的一种释放，是对人们内在原始意识的召唤，人们在后现代主义的一些建筑中也感受到了某种亲切感。然而，这种令人愉悦的亲切感很快就被无底限的欲望所掩盖，暗含着某些盲目的、无意识的力量和冲动开始泛滥，越来越多“浓妆艳抹”且充斥着强烈媚气的商业化产物开始招摇过市。

后现代主义反抗权威压制，厌弃既有形式和结构体系的束缚，并在历史碎片和日常生活中寻求创作素材，借助象征和隐喻的手段来实现对“现代理性”的颠覆。但是，就在后现代主义建筑语言穿透墙体，打破玻璃盒子，实现对“现代理性”完全超越的同时，建筑建构性的诗意诉求也被抛弃，取而代之的是自我标榜的后现代口号，以及试图让围观者明白的更高层次的理解和认识。美国著名的马克思主义理论家、后现代文化理论代表人物弗雷德里克·杰姆逊（Fredric Jameson）在《后现代主义与文化理论》一书中指出：“如果说现代主义时代的病状是彻底地隔离、孤独，是苦恼、疯狂和自我毁灭，这些情绪如此强烈地充满了人们的心胸，以至于会爆发出来的话，那么后现代主义时代的病状则是‘零散化’，已经没有一个自我的存在了。”

新奥尔良意大利广场是美国后现代主义代表性建筑师查尔斯·摩尔（Charles Moore）的代表作，以西西里岛的地图模型为中心，吸收了附近一幢摩天大楼的黑白线条，变化为大大小小的同心圆，一直发散到达周围的马路上。在广场中大量选用不具有结构功能的古典拱门作为装饰，并借助后现代主义最具代表性的“拼贴”手法，将各种古典柱式加以引用和变形，并涂上艳丽的颜色。显而易见，在这种或曲或直的堆砌中，充斥着一种激进和媚态的非理性创作态度（图1-4-6）。

相对于传统建筑和现代建筑而言，后现代主义所仰仗的逻辑系统是模糊、含混和不确定的，它只是在其语言特征和空间中暗示了人的存在。后现代主义是一种泛社会学描

图1-4-5　格雷夫斯设计的加利福尼亚州迪士尼总部大楼

图1-4-6　查尔斯 · 摩尔设计的新奥尔良意大利广场

绘性词汇，涵盖了人们的行为、意识、观念、情感、思维和认识等诸多方面的内容。后现代主义试图让建筑元素的符号化引导人们的身体和记忆进入可阅读的空间，但是，符号本身的“转译”和“破译”都需要基于人们对历史片段和社会信息的了解。后现代主义符号化的操作在超出 “理性”范畴的同时，也超出了社会大众的认知，多变和奇异只能被简化为形式的游戏，然而，对于确定的逻辑系统的追求却并非形式的游戏所能企及。尼科斯 A. 萨林加罗斯（Nikos A. Salingaros）在《反建筑与解构主义新论》一书中曾对此评论说：“在过去的四分之一个世纪里，后现代主义者提出混乱和不连贯的概念，并希望用这些概念完全取代人类的建筑与城市情感，但是都没有成功。然而，与此同时他们也未能推翻根深蒂固的现代主义建筑。”[一]

空间解构与不在场的焦虑

文丘里在《建筑的复杂性和矛盾性》一书中强调：“我喜欢基本要素混杂而不要‘纯粹’，折中而不要‘干净’，扭曲而不要‘直率’，含糊而不要‘分明’，既反常又无个性，既恼人又‘有趣’，宁要平凡的也不要‘造作的’，宁可迁就也不要排斥，宁可过多也不要简单，既要旧的也要创新，宁可不一致和不肯定也不要直接的和明确的。”[二]显然，后现代主义接受了现代主义所避开的历史信息，也在寻求弥补现代主义与地域文脉之间所形成的裂痕，在某种程度上表现出比现代主义更加“和善”的一面。

然而，解构主义却与后现代主义的方向存在很大区别，它表现出一副完全对抗的姿态，既彻底否定现代语言逻辑，也拒绝接受历史传统，它的目的就是要成为新运动定义的一部分。在建筑的具体操作中，解构主义直接打破了现代理性建筑所固有的空间思维模式，取而代之的是更加大胆和更富弹性的空间组织形式，它将现代建筑整体破碎，然后重新组合，形成无中心、多层次、离散的和片段状的空间构成，以此来形成多变和奇异的空间效果。解构主义建筑割裂空间的目的满足了形式上的趣味，却违背了自然规律中所固有的关联性，可以说，解构主义的行为本身就是一种“激进”，甚至于“反动”，与人类进化的动力相抗衡。就像詹姆斯·卡尔布所说，“解构主义风格似乎还算不上一种建筑风格或建筑理论，或者其他任何东西，它更像是在扰乱人类生命基本内容

[一] 尼科斯 A. 萨林加罗斯. 反建筑与解构主义新论M]. 李春青，傅凡，张晓燕，李宝丰，译. 3版. 北京：中国建筑工业出版社. 2010:47-48.

[二] 罗伯特·文丘里. 建筑的复杂性与矛盾性[M]. 周卜颐，译. 北京：知识产权出版社，中国水利水电出版社，2006:16.

的一种尝试。它是一场持续反对任何可能的知识秩序的病毒战，因此它是一种反人性的犯罪。”[一]

从后现代主义到解构主义，人们坠入一个充满了焦虑的阶段，这个阶段给人们带来了前所未有的焦虑感、孤独感和恐惧感，冷漠、割裂的解构空间根本不会带来精神抚慰，解构主义看似拉近了“在场”与“不在场”的距离，却并不关心事物的“在场”与“不在场”，解构主义在解构空间与形式的同时，也结束了空间与人性的关联。在萨林加罗斯看来，“所有这些时髦的设计都不是有生命力的建筑，它们根本就不在棋盘之上，它们缺乏有生命力的建筑的基本特质，因为有生命力的建筑是与人类息息相关的。”[二]

解构主义并没有反对和否定空间，但它在解构空间的同时遭遇了空间本身所固有的两难状况。解构主义主张反中心和差异性，对一切秩序提出质疑，并将其推向绝境，其空间表达让空间失焦的同时，也粉碎了空间的整体同一性，使其成为一个开放的系统，与静态和匀质对立。然而，解构主义却又需要倚仗鲜明和凸出的逻辑基础来诠释空间本身的构想，以及反映概念背后的价值，这样看来，解构空间的内在逻辑性与解构对同一性的否定之间存在着某种不可调和的关系。所以，在很多尊重传统和有机自然的人看来，解构主义正在毁灭人类的正常秩序和伦理体系，使得原本躁动的社会陷入极度恐慌的危机之中。解构主义所持有的批判立场和怀疑精神是被认可和赞许的，可是彻底反传统、反秩序的过程却是一次冒险，因为消亡并不意味着重生。

由丹尼尔·里伯斯金[三]设计的德国柏林犹太人博物馆，就很好地诠释了解构主义对于反中心和差异化的追求。该建筑形体呈现出极度乖张和扭曲的线条，曲折、连贯的锯齿形平面被一组排列成直线的空白空间所打断，这些空白空间代表了真空，它不仅仅是在隐喻大屠杀中消失的不计其数的犹太生命，也意喻犹太人民及其文化被摧残之后所留下的“空白”。然而，现场中的这些“空白”过于冷酷，一味地强调对于伤痛的重现，而缺失对逝去的缅怀和抚慰，建筑的“在场”与“不在场”也成了陪衬。可以说，这些被解构的建筑空间既构不成散文，从中也难觅诗意（图1-4-7）。

[一] 尼科斯A. 萨林加罗斯. 反建筑与解构主义新论M]. 李春青，傅凡，张晓燕，等译. 3版. 北京：中国建筑工业出版社，2010:19.

[二] 尼科斯A. 萨林加罗斯. 反建筑与解构主义新论M]. 李春青，傅凡，张晓燕，等译. 3版. 北京：中国建筑工业出版社，2010:32.

[三] 丹尼尔·里伯斯金（Daniel Libeskind），1946年出生于波兰的罗兹，著名建筑师，代表性作品主要有德国柏林犹太人博物馆和英国曼彻斯特帝国战争博物馆等。

图1-4-7　德国柏林犹太人博物馆外观及内部空间

虚拟空间反照现实病态

在《法国现代美术》一书中有这样一段描述，“在当今的资本主义社会中，既存在着高度发达的生产力和丰富的物质财富，又存在着相对的物质匮乏甚至贫困；既有先进的科学技术，又有广泛的宗教和迷信；既有成套的法律、法规和庞大的警察系统，又有层出不穷的犯罪行为；既有高水平的教育和提倡仁慈的教会，又有相当普遍的道德败坏、腐化堕落以及人与人之间的冷淡甚至敌视。在西方，个人的自由被封为神圣，人道主义被视为信条，然而人们又感到沉重的物质和精神的压抑，哀叹人道的丧失和人性的异化。”㊀

上述文字清晰地描述了西方现代社会所面临的深层矛盾，以及人们内心挣扎的现状。其实，这样的现实问题不仅仅只出现在西方现代社会，整个人类文明的发展都在与矛盾相生相伴。所以自古至今，人类都未从停止过对虚拟空间的构想，不管是为了克服未知和恐惧，还是表达不满与反抗，人类对虚拟空间的构想都与现实世界的真实状况存在深度关联。当然，传统的虚拟空间大多都停留在意识、信仰和艺术的表现层面，特别是在绘画艺术和电影艺术中的表现尤为突出。

虚拟空间中的电影影像大多都是一种超现实主义的表现，它们通常会借助一系列奇异、偏执和荒诞不经的场景或情节设置，来区别于现实世界，描述人类对自身及世界的态度，这在一定层面上体现出了人类对某种事物或某种境界的向往和追求。电影《逆世界》中的场面极具现实化的生活质感，它场景宏大，光线强烈，人物渺小，而且大部分画面都是灰色调，以此来映射那些“非人性”的东西。不管是在上层世界，还是下层世界，人们的激情与冲动都在遭受压制，而由此引发的对立和对抗也就愈加尖锐。影片的最后定格在一群两个世界的孩子在布满绿化的空中平台上一起玩耍篮球的场景，成为了最为温馨和美好的期许（图1-4-8）。

图1-4-8 电影《逆世界》中的场景

㊀ 张延风. 法国现代美术[M]. 桂林：广西师范大学出版社，2004:99.

虚拟空间除了在绘画和电影等艺术中得到直接表现之外，在哲学层面上也得到了广泛而又深入的探讨和论述。在德勒兹的哲学中，虚拟的东西就其虚拟性而言是真实的，实存的客体是完整客体的一部分，另一部分则是虚拟。在德勒兹看来，虚拟空间并不是现实世界的拓展，而是人类思维与信息技术的结合产物，是信息的集合，虚拟空间不是因为信息技术而诞生，却因信息技术而得到扩散。人类社会进入到信息化阶段之后，虚拟空间真正开始嵌入现实世界，它们之间的边界越来越模糊，否定虚拟，也是对现实的否定。与此同时，随着信息技术对物理空间的全面渗透，虚拟空间犹如一面镜子反照着现实生活的状态。

现实世界以人类的普遍愿望作为支撑，而虚拟空间则更多表达个体欲望。现代的人们普遍自我意识觉醒，并有着实现自己想法的强烈冲动，而虚拟空间解放了现实秩序对身份的认定和束缚，由此而形成的个体满足感是现实世界所无法提供的，这种满足感是人们对现实世界的一种超越性追求。然而这种超越性却逾越了人类理性的范畴，危机也潜藏在其中，犹如毒品一般在给人们的神经系统注入兴奋感的同时，也在同步摧残着身体。

前所未有的“快节奏”与“空间压缩”

信息技术带给当前这个社会的最大改变就是“快节奏”和“空间压缩”，在“快节奏”和“空间压缩”之下，人们曾经熟悉的时空呈现出一种多元混同的境界，它被定义为一种横断现象。这种现象看似在暗示一种新的方向，实际上，它也在表征某种极端野蛮的社会意志和秩序的推行。

信息化手段真的能够帮助人们简化现实社会的复杂局面吗？这或许只是人们发展信息技术的一个借口而已，因为过度的网络信息化已经让网络空间演变成为了公共“晾衣架”和“背景墙”，所谓的隐私都只是奢望，而人性中原初的淳朴更是遥不可及。所以，与其说扁平化的网络空间激起了人类的好奇与阴暗心理，不如说是当前的“快节奏”和“空间压缩”对人性的重构。

人类对地球和自然的所作所为，都已彰显出不甘于“寄居”者的野心，而与“快节奏”和“空间压缩”同步，违背天道与人伦的膨胀欲望也都被人类演绎到了极致。人们对于原初空间的恭敬之心早已被洗劫一空，人们意念中的空间定义也被越来越多的私欲和功利所充斥，这就是佛家所言的“妄想、分别和执著”。另外，人们所身处的建筑和城市空间充满了“自由”的谎言，比如形式多变的当代建筑语言，它废止了统一和模式化，与其对应的复杂化系统也应运而生，然而这复杂的系统却犹如重重交织的网络，将人们牢牢地锁定和捆缚，这根本就不是人们一直以来所向往的自由（图1-4-9）。

图1-4-9 废止了统一和模式化的城市空间

实际上，在“快节奏”和“空间压缩”所霸占的建筑和城市空间中，人们难觅自由。这就好比人们在有意或无意之间登上了一艘快艇，看似可以在毫无约束的海面上自由驰骋，却不想随着快艇驶离岸边，面对着一望无垠的大海，视觉世界所能框进来的风景画面越来越少，内心的好奇也开始慢慢转变成为乏味，并滑向恐惧的边缘。这个时候，人们或许才意识到脚下不再是令人踏实的那片土地，而是深不可测的、变幻无常的、随时都可能肆意咆哮的大海，在任何一个不经意的瞬间，它都可能将人们完整的吞噬，而不留下一点痕迹。人们内心的恐惧和挣扎随着驶入大海的时间和深度而加剧，最后只剩下祈祷和追忆，追忆人类那些原初的美好。

其实，处于“快节奏”和“空间压缩”之下的建筑和城市空间中的一切都是被“设计”的，在这样的生存环境中，人工的痕迹取代了自然的状态，并且愈发强势。与此同时，人们自身的归属感也遭受着空前的危机，与其说是人们赖以生存的建筑和城市空间被设计，不如说是人们的生命状态被“设计”，因为人们生活的痕迹越来越像铅笔稿，可以被轻而易举地抹去，而人们却不得不面对残酷的“失忆”之痛。然而，人类生存的环境可以被设计，而与人类的存在状态相契合的空间关系场却并非设计的结果，因为它原本就存在于自然之中，所以，越来越多的人开始对曾经的朴素空间产生怀念——这种情感或许只能在“城市废墟”中得以凭吊。倘若建筑和城市空间真要对此作出积极的响应或者改变，那么，它的出发点又是什么，是保护隐私还是还原纯真呢？我们不得而知。

第二章 | 空间运动的理论基础

第一节 | 西方相关学科的交叉

建筑师必须走出学科封闭的孤岛，从线性的建筑学思维框架下解放自己，与哲学家、历史学家、社会学家进行交流并探讨生活的哲理；与生物学家、生态学家、人类学家共同合作与设计；与机械工程师、造船工程师、航天工程师一起研究建筑的制造。运用信息时代、网络时代计算机超凡的运行与操作能力，拓展设计思路，探讨建造方式。

——孔宇航《非线性有机建筑》

格式塔心理学的心物场与同型论

格式塔心理学形成于19世纪末20世纪初，是西方现代心理学的主要流派之一，据其原意也称为完形心理学，完形即整体的意思。格式塔这一术语起始于对视觉领域的研究，但后来人们慢慢发现，它的应用范围远远超出了人类的整个感觉领域。德国著名的心理学家、格式塔心理学的创始人之一沃尔夫冈·苛勒（Wolfgang Kohler）认为，形状意义上的“格式塔”已不再是格式塔心理学家们关注的重心。据其概念的功能定义，“格式塔”涵盖了学习、回忆、志向、情绪、意识和运动等诸多过程，如果从广义的层面来讲，格式塔心理学家们实际上是在套用“格式塔”这个术语去研究心理学的整个领域。

作为格式塔心理学的另一代表人物，库尔特·考夫卡（Kurt Koffka）在《格式塔心理学原理》一书中坚持并强化了两个重要概念：心物场（psychophysical field）和同型论（isomorphism）。考夫卡认为，世界是心物的，经验世界与物理世界存在很大不同。观察主体感知现实的行为称作心理场（psychological field），被感知的现实称作物理场（physical field）。心理场和物理场之间并不存在逻辑上的一一对应关系，然而，两者的结合却促成了有关人类心理活动的心物场（图2-1-1）。

图2-1-1　格式塔心理学的心物场与同型论

在考夫卡看来，心理学的任务是研究与心物场具有因果联结的行为，其中，心物场含有自我和环境的两极化，这里所提到的环境具体划分为地理环境（geographical environments）和行为环境（behavioural environments）两个方面。其中，地理环境是指现实中的环境，行为环境则是指人类意识中的环境。李维在《格式塔心理学》中文版译序中指出："行为环境在受地理环境调节的同时，以自我为核心的心理场也在运作着，它表明有机体的心理活动是一个由自我—行为环境—地理环境等进行动力交互作用的场。"㊀其中，行为主要是指发生在行为环境中的有机运动，并受到行为环境的影响。当心物场这一概念被推延至建筑学领域，我们会发现它对于体验、感知和理解建筑空间具有极其重要的意义，因为空间不是孤立和静止的，而是与空间中人们的心理反应和行为活动密切相关。另外，我们总是强调建筑空间是有机的系统，这不只是针对空间的构成或生命的活动而言的，它也吻合考夫卡对"有机体的心理活动"的认识所给出的根源性解释。

在格式塔心理学家看来，自然而然意识到的现象都自成一个格式塔，这个格式塔是一个通体相关的有组织的整体，并且本身含有一定的意义，可以不受先前经验的影响。所以，物理现象和生理现象都有同样格式塔的性质，它们也都是同型的，它们之间存在着对等关系。比如人们的空间知觉、时间知觉都与大脑皮层内的同样过程相对等，格式塔心理学家把这种解决心物和心身关系的理论称为同型论。具体而言，同型论这一概念主要是指"环境中的组织关系在体验这些关系的个体中产生了一个与之同型的脑场模型"。㊁无论是在建筑设计还是空间体验的过程中，人们的意识中总会有一些模式化

㊀，㊁ 库尔特·考夫卡. 格式塔心理学原理[M]. 李维，译.北京：北京大学出版社，2010:5.

（或称模块化）的东西在发挥作用，其实这些所谓的模式化的东西就是格式塔心理学同型论在空间中的一种“演绎”，这种“演绎”并非形式化的，它拥有系统化的组织。

格式塔心理学没有像机能主义或行为主义那样明确地表示出它的性质，也与行为主义所遵从的机械决定论，以及将意识和行为视为截然对立的观念所不同，它强调经验和行为的整体性，认为整体不等于部分之和，意识不等于感觉元素的集合，行为不等于反射弧的循环。这种观念在人们所熟悉的建筑空间中显而易见，当人们进入到空间中一个特定的情境时，人们在意识上往往已经具备了某种反应模式，因为行为和事件与空间存在着某种默契的联动机制，空间本身所释放的信息对于行为和事件而言，也存在一定程度上的暗示。

另外，在格式塔心理学的这种整体观念同样包含着对分离性的强调，格式塔心理学家热衷于从背景中分离出一种明显的实体，他们借用“图形和背景”这个概念来表述。他们认为，一个人的知觉场始终都被划分为图形和背景两个部分，“图形”是一个格式塔，是突出的实体，是人们知觉到的事物，“背景”则是尚未分化的，衬托图形的存在。在建筑和城市空间中与“图形和背景”的概念近似的定义是“图底关系”理论，这一理论对于人们识别城市空间关系，建立连续的空间场景具有重要意义。

拓扑心理学与心理生活空间

拓扑心理学是德国人本主义和社会心理学的代表人物库尔特·勒温（Kurt Lewin）根据动力场说，采用拓扑学及向量学的表述方式，研究人及其行为的一种心理学体系。拓扑心理学在倾向性上属于格式塔心理学，却又与格式塔心理学有所不同，勒温主要致力于人的行为动力、动机或需要和人格的研究，而这远远超出了格式塔心理学原有的知觉研究范围。相对于考夫卡提出的“行为环境”，勒温提出的“心理环境”概念超出了个体当时所意识到的环境信息，包含了个体当时没有意识到，却产生着“影响”的事实。

在勒温看来，人的行为是自身的个性特点和环境相互作用的结果，所以，他否定了刺激–反应的公式，提出了人与环境的行为公式：$B=f(P \cdot E)$，其中，B表示行为，f表示函数关系，P表示个体，E表示环境。该公式表明：人的行为是个体P与环境E的函数，即行为随着个体和环境这两个因素的变化而变化。其在《拓扑心理学原理》一书中这样写道：“就内容来说，从亚里士多德的概念到伽利略的概念的过渡，要求我们不再在单个的孤立物体的性质中，而是在物体和它的环境之间的关系中，寻找事件的‘原因’。那么，人们并不认为，个体的环境仅仅用来促进或抑制在个体的性质中业已确立的种种趋势。只有在描述中包括整个心理情景，人们才有望理解支配行为的力。”㊀

在勒温看来，一个事实对应着心理生活空间的一个组成部分，如果人们要使用动力标准来确认事实的存在与否，就必须囊括大量的事实。其中包括了准物理的事实、准社会的事实和准概念的事实，这些事实并非截然分开，而是一个完整的、统一的心理生活空间。拓扑心理学通过图形所表示的空间关系来研究空间的变换，这与人们的心理生活空间相对应，并且涵盖了特定时刻下的一切可能目标和达成目标的方式。在勒温看来，人们如果要完成从生活空间推知个体行为的任务，就不得不将生活空间描述为“可能事件的总体”。其中，心理生活空间概念串联起了这些可能事件之间的关系场的层次变化，以及同实际生活的联系。

众所周知，物理空间在本质上是一个易见且可度量的空间，或者说，这个空间中的距离和方向易于确定。而与物理空间相对立的心理生活空间的处境则完全不同，它具有拓扑空间的属性，只有达到某种程度的时候才是有结构的，才能被“丈量”。所以，拓扑心理学在拓扑学的概念之外，又借助向量学中“向量分析”的方式来陈述心理事件的动力关系和方向，明晰这种非物理的力和复杂变化，描述生活空间中的区域、位移和交往途径。在勒温看来，心理生活空间的每一部分都对应一个区域，这个区域不存在数量大小的差别，但有质的规定。区域对于人们行为的影响多种多样，同时它也影响着心理生活空间的路线的生成。

另外，拓扑心理学所关注的目标不是物质实体，而是与行为关联的现象，就像勒温所说的，“把物质物体本身称为目标是不正确的，目标只是一种行为或一种状态，例如吃一个苹果或拥有一个物体。”㊁空间在任何时刻的情境都是不相同的，具体显现为带有差异性的空间现象，这种差异性本身决定了个体与环境之间存在状态的稳定程度，决定了是生活情境还是此刻情境发挥着主要作用。而只有综合了以往的经验方式，具备连通性和适应性的心理学概念系统才能解决不同事件和机体之间的差异。所以，在描述生活空间中，必须考虑情境的不同和范围的差异。

㊀ 库尔特·勒温.拓扑心理学原理[M].竺培梁，译.北京：北京大学出版社，2011:10.
㊁ 库尔特·勒温.拓扑心理学原理[M].竺培梁，译.北京：北京大学出版社，2011:3.

在勒温看来，人是一个极其复杂的系统，这个系统所具有的准需求等完全是现象上构思的动力，人们的心理环境区域则能够显现出这些不同的动力属性。勒温对于儿童的自由运动空间，提出了两个重要的事实：别人所允许他做的事情的性质和范围；他自己的能力所允许他做的事情的性质和范围。心理区域内存在着人们不能称之为身体运动的真正运动，心理生活空间的拓扑分析，使人类的心理认知系统真正从物质世界分离，成为一种可以被描述的独立世界。而两个世界多层面自由地连通，共同构建了物质、心理和价值之间清晰的结构关系（图2-1-2）。

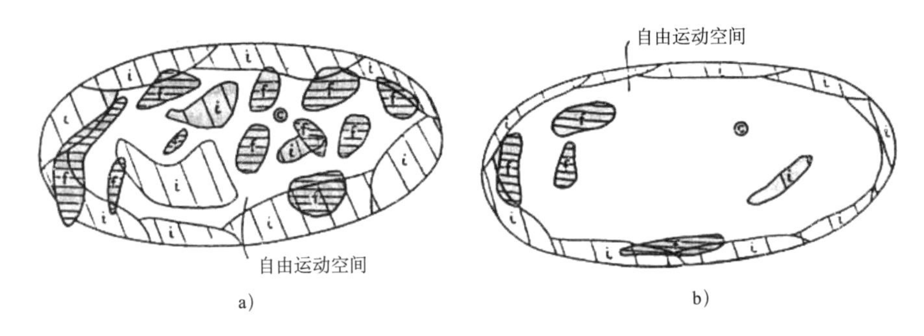

图2-1-2　儿童自由运动空间的差异

a) 能力较低的儿童在有许多禁令的情境之内　b) 富于能力的儿童在禁令极少的情境之内

c—代表儿童　*f*—代表禁止的区域　*i*—表示能力所不能及的区域

行为建筑学与交互空间

我们从现代心理学的发展获知，人们的行为主要是基于动机、知觉、认知和爱好，并在此基础上做出的一系列心理反应和外显行为，且与空间和环境保持关联互动。动机源自人们内在的需要，按照马斯洛的层级需求理论，将人的需求从低到高依次划分为生理需求、安全需求、社交需求、尊重需求以及自我实现需求五类；知觉则属于认识过程的感性阶段，是行为的主动支配过程，取决于过去的经验和当下的动机与态度；认知涉及知识的取得、存储和组织，着重探讨有关思维、学习、记忆和精神发展的观念；爱好则是关于情绪的研究，包括对价值和态度形成的理解。

行为科学（Behavioral Science）的研究始于20世纪20年代、30年代的霍桑实验，该实验由哈佛大学心理学教授梅奥主持，起初它主要是针对企业中管理思想和管理理论研究的应用。而后于1949年在美国芝加哥召开的一次跨学科的会议上，行为科学这一名称被首次提出，后来随着建筑学家的加入，在1977年，行为建筑学（Behavioral

Architecture）被首次提出。在美国建筑学家C. 海姆赛斯（Clovis Heimseth）的著作中，强调以系统论的观点，来分析行为与环境的关系，并试图建立符合行为规律的理性设计程序和定量化的设计方法。

行为建筑学是建立在行为学的基础上，研究人类行为与其存在于其中的空间与环境的关系的学科。它是行为科学与建筑学、心理学的交叉学科，主要关注人们的内心需求、欲望、情绪及心理机制的状态与空间和环境的关系，研究如何通过城市规划与建筑设计来迎合人们的行为方式，进而满足人们的内心需求。行为建筑学是一种始终处于互动模式下的概念，人、建筑和环境是组成这一概念的三要素，在建筑设计，建设以及使用的过程中，同时体现着这种行为科学的价值和意义。在刘先觉教授的《现代建筑理论》一书中，指出行为科学对建筑设计方法的贡献至少表现在两个方面："第一，行为科学的原理有助于更为全面、科学地理解人与环境的关系，以此建立起一系列空间行为的理论，包括：场所理论，认知地图分析，私密性与领域感，人类工程学，建筑环境中的社会相互作用等。第二，行为科学为建筑设计提供了新的研究手段和启迪了新的设计方法的产生。"㊀

建筑与人的行为密切相关，通过行为建筑理论的分析和运用，根据人们行为发生的空间的范围、性质和交往形式，在建筑的空间和环境中可以确认几类空间特性的研究有助于人们全面、科学地理解人与空间、环境的关系，它们即是领域、距离、尺度和比例。

领域，是一个具有相对固定的空间区域，它包含了人们对空间所产生的一定程度上的需求，占有、接近，抑或是躲避的主观意识，其范围的大小可随时间和生态条件而有所调整。社会心理学家认为，领域意识在人的不同成长阶段、不同的环境下会有不同的表现和反应。距离，原本是一个最为直观的空间概念，它是空间相对位置变化的主要参考，在行为建筑学中，它的概念从物理空间延伸到人们的内在认知层面，从空间与空间，到人与空间，再到空间中的人与人之间的行为体现。尺度和比例，作为建筑空间与环境中的认知标准，直接作用于人们的心理，进而影响到人们的外显行为（图2-1-3）。

㊀ 刘先觉.现代建筑理论[M].北京：中国建筑工业出版社，1999:262.

图2-1-3　城市空间的领域、距离、尺度和比例与人们的心理体验

认知地图概念与城市意象

在环境中确定方位和找寻地址，并能够在开始行动之前理解环境所包含的意义，是人类生存的基本技能和根本需要，那么人为什么能够识别和理解环境呢？心理学家认为这主要源于人能够在记忆中重现空间环境的形象，并在意识中建立起认知地图的能力。认知地图是人们根据自身对客观世界的内在表征与存储于记忆中的空间属性的结合成像，它是基于过往经验，产生于意识中的某些类似于现场地图的模型，是一种对局部环境的综合表象，既包括事件的简单顺序，也包括方向、距离，甚至时间关系的信息。

美国著名的心理学家、新行为主义的代表人物之一的爱德华·托尔曼（Edward Chace Tolman）通过大白鼠实验，建立起了符号学习理论，提出了“认知地图效应”原理，确立了他在认知心理学领域的先驱地位。他根据大白鼠实验的结果认为，动物并不是通过尝试错误的行为习得一系列“刺激——反应”的联结，而是经过大脑对环境的加工，在获得达到目的的手段和途径中建立起一个完整的“符号-格式塔”模式，这就是认知地图。此后，凯文·林奇㊀在1960年研究了城市意象，罗文森（Lowenthal）在1961年研究了环境的意象，沃尔波特（Wolpert）在1964年研究了空间选择产生的过程，显然，这些都为行为心理学和空间认知概念的结合奠定了坚实的理论基础（图2-1-4）。

㊀ 凯文·林奇（Kevin Lynch，1918—1984），美国著名城市规划师，20世纪杰出的人本主义城市规划理论家。1990年被美国规划协会授予“国家规划先驱奖”。

图2-1-4　环境意象与空间认知

在上述诸多理论研究中，与建筑和城市空间关系最为密切的当属凯文·林奇提出的“城市意象”，在《城市意象》一书中，凯文·林奇结合认知心理学的理论，运用认知地图的分析方法建立起城市居民对建筑和城市空间的认知。在他看来，人们对于城市空间的理解并非是固定的，而是一些与感官产生反应的片段所串联起来的意象，与此同时，这些意象也是观察者与所处环境双向作用的结果。所以，在书中，凯文·林奇对于这些城市意象的解读主要围绕着可读性、营造意象、结构与个性和可意象性四个方面展开。

可读性对于识别城市空间具有重大关系，它是人们头脑对外部环境进行直接感觉和归纳，并与过去经验记忆相结合的共同产物，它能够给人们带来安全感，也能够指导人们的空间行为。客观实在的物体很少是有序或显而易见的，人们对其辨别的途径则主要依赖于意象的聚合所形成的个性和组织的印象，意象要在城市空间中充当导向作用，则需要具备实用性和安全性。可意象性的概念并不意味着固定、有限、具体、整体或是有序，所以加强空间的可意象性对于体验和感知空间形态的变化具有重要意义。凯文·林奇强调说：“一处好的环境意象能够使拥有者在感情上产生十分重要的安全感，能由此在自己与外部世界之间建立协调的关系，它是一种与迷失方向之后的恐惧相反的感觉。”并进一步指出：“一处独特、可读的环境不但能带来安全感，而且也扩展了人类经验的潜在深度和强度。”㊀

㊀ 凯文·林奇.城市意象[M].方益萍，何晓军，译.北京：华夏出版社，2001:3.

通过对三个美国城市的中心区进行环境意象的调查和分析，凯文·林奇发现人们能够适应环境，并从身边的材料中提取出环境的结构和个性，而这就是与城市空间公共特性相对应的一系列复合而成的“公众意象”。在对城市意象中物质形态进行梳理和归纳后，凯文·林奇提出了有关城市意象的五大要素：道路、边界、区域、节点和标志物。道路在城市空间中占据绝对的主导地位，具有突出的影响力和意象特征；边界具有重要的参照作用，在很多时候，边界都具有连续性和方向性；区域可以是孤立的，也可以是联系的，人们对于不同区域的识别与自身对城市的熟悉程度相对应；节点是观察者介入空间的“战略性焦点”；而标志物是不同尺度下的导向性元素，它拥有让人关注的独特性。显然，在城市的空间中，以上这些要素势必共同作用，人们对于城市意象的理解也必然经历从局部到整体的过渡。就像凯文·林奇所指出的：“整体环境具有的并不是一个简单综合的意象，而是或多或少相互重叠、相互关联的一组意象。它们通常依据所涉及范围的尺度，大致分为几个层次，使得观察者在迁移过程中，能够按照需求从街道层面的意象转入到社区层面、城市层面，乃至大都市区域层面中去。”㊀（图2-1-5）

图2-1-5　城市意象的物质形态和特征

㊀ 凯文·林奇.城市意象[M].方益萍，何晓军，译.北京：华夏出版社，2001:65.

建筑现象学中的脉络与“存在空间”

现象学不是一套内容固定、体系完整的理论学说，它反应的不是客观事物的表象，也不是客观存在的经验事实，而是一种非理性的纯粹描述性方法，一种最朴素、最纯粹的内在意识存在，它以不借助科学和哲学的任何理论建构的方式，来将这个朴素和纯粹的世界还原在人们的面前。现象学说主要由德国哲学家胡塞尔本人及其早期追随者的哲学理论所构成。胡塞尔认为，“现象”是指意识活动的内容，上升到方法论层面，现象学是指在批判性的目光中对各种类型的原始意识构造的描述分析。在他看来，存在一种纯粹世界，以“自然”为出发点的，也就是未被哲学和科学侵蚀的、影响的人们所经历的日常“生活世界”（living world）。这样一种世界是哲学与科学的开端，任何“其他世界”均根植于它，但却无法代替和损害它。

胡塞尔的理论对于建筑研究的意义主要在于他将建筑师考虑问题的出发点还原到了人类生活中所能触及到的物质本身，对于建筑而言，就是空间、材质、光色、运动和事件等方面，他丢弃了诸多学说一贯的有关“文本”意义的探讨，剔除了理性科学与哲学对建筑相关因素的约束，转而强调自身的体验，感知和理解。芬兰建筑师尤哈尼·帕拉斯马也曾说过，“建筑与生俱来就是一种身体和所有感官的艺术形式”。然而，目前的建筑领域过分强调理念和理性，从而加速了建筑物性与体验主体知觉的消失。所以，人们应该试图“回到事物本身”的现象学表现上，也回到“存在”这一基本问题上。

建筑现象学的研究从思想取向层面进行划分，主要存在两个分支，其中一个是基于对马丁·海德格尔（Martin Heidegger）的存在现象学思想的发展，侧重于较为学术的理论研究领域，主要代表人物是诺伯格-舒尔茨，他在存在主义哲学思想的运用方面有着独特的认知，他的一系列有关建筑现象学的著作影响深远。从20世纪60年代初开始，他先后著述出版了《建筑中的意象》《存在·空间·建筑》《西方建筑的意义》《场所精神》《居住的概念——走向图形建筑》和《建筑——存在、语言和场所》等，开辟了以现象学为基点研究建筑历史和理论的新途径。其中，《存在·空间·建筑》一书中的核心内容就是对海德格尔的《筑·居·思》中的思想进行的建筑化和图像化阐述。他在该书中写道：“空间是有机体与环境相互作用的产物，在这一相互作用中，被知觉的宇宙的组织化是不可能同活动的组织化分离的。”[㊀] 诺伯格-舒尔茨强调意象、存在、存在主

㊀ 克里斯蒂安·诺伯格-舒尔茨.存在·空间·建筑[M].尹培桐，译.北京：中国建筑工业出版社，1990:20.

义、结构主义等与现象学的结合，在他看来，场所、路径、领域作为存在空间的基本要素，它们之间相互作用的结合方式，构成了人类生存定位的基本图式，以及生活意义的发生机制。

另外，诺伯格-舒尔茨自己也认为《场所精神》是走向建筑现象学的第一步，他在前言中写道："人要定居下来，他必须在环境中能辨认方向并与环境认同。简而言之，他必须能体验环境是充满意义的。所以定居不只是'庇护所'，就其真正的意义是指生活发生的空间是场所。场所是具有清晰特性的空间。""建筑意味着场所精神的形象化，而建筑师的任务是创造有意义的场所，帮助人定居。"㊀在诺伯格-舒尔茨看来，构成我们既有世界的具体事物彼此之间都存在着复杂，甚至于矛盾的关系，而这种矛盾的关系的成立则主要是基于场所是存在的必要前提这一事实。而人们在城市、城镇或乡村中生活，需要接受一种可触及的、相对稳定的环境或氛围，熟知"此时此地"的情景，从而建立起全面的认同感和归属感，而这恰恰是源于场所精神的拾取。就像诺伯格-舒尔茨在《建筑——存在、语言和场所》一书中所阐述的："如果没有对场所精神的认同，一个人也无法融入场所。甚至，如果没有对场所构建特征的记忆，也不可能体验到归属感。"㊁（图2-1-6）

图2-1-6　印度泰姬陵——场所精神的形象化

㊀ 克里斯蒂安·诺伯格-舒尔茨. 场所精神——迈向建筑现象学[M].施植明，译.武汉：华中科技大学出版社，2010:3.
㊁ 里斯蒂安·诺伯格-舒尔茨. 建筑——存在、语言和场所[M].刘念雄，吴梦姗，译. 北京：中国建筑工业出版社，2013:44.

另外一个分支则是基于梅洛-庞蒂㊀为代表的知觉现象学思想，该思想主要从“认识世界需要回归存在本身”的观点出发，通过人的身体与环境的互动来察觉世界的存在。美国当代著名建筑师斯蒂芬·霍尔（Steven Holl）在知觉现象学的基础上进行建筑现象学的设计理论与实践，通过对建筑设计背后包含的复杂影响因素的回应作为建筑“锚固点”，来强化建筑与场所的体验感（图2-1-7）。

图2-1-7　天津生态城规划博物馆草图及内部空间

㊀ 梅洛-庞蒂（Maurice Merleau-Ponty，1908—1961），法国著名哲学家，存在主义的代表人物，知觉现象学的创始人。被称为“法国最伟大的现象学家”“无可争议的一代哲学宗师”。

第二节 | 东方传统哲学思想的会合——儒道篇

在东方，沉思一直都是生物力（Life-forming Energy）。沉思就是要贴近内在之中人类潜能和局限的原点，只有在那里，人类意图的本质才有可能为人所见，并得以实现。在人类寻求内在原点的努力中，身体和精神获得了统一。这个沉默的修行可以让人变得自律和质朴。从这点来看，东方智慧的出发点就是，把诸如此类的体验放到人与空间，建筑与生活的关系之中——也就是放到建筑与结构的关系之中。

——维尔纳·布雷泽《东西方的会合》

理性的焦虑与东方传统思想的回归

20世纪上半叶，面对西方现代文明日益增强的诱惑力，特别是西方工业革命以来的科学技术、政治制度和民主意识的进步，东方社会在价值认知、环境思想以及人文哲学等诸多方面的西化倾向日渐加强。今时今日，在西方思想的深度浸染之下，东方的意识审美和价值观念已经转向了较为彻底的理性思维。这让我们深感忧虑，禁不住要反问：难道东方的传统文化和思想真的已经或者即将失去对环境的适应性和生命的活力，而不得不被遗弃吗？作为世界璀璨文化的重要组成部分，它显然不会，不仅不会，它还是当下人类自我救赎的根本出发点。

西方文化的理性本质，决定了它始终都要处于矛盾和对立之中，它丧失了思想与意识平衡的支点。当下，东方人与西方人一样都生活在一个充满过分焦虑与紧张感的理性环境之中，迷茫、混乱和挣扎成为了内心真实的写照。埃里希·弗罗姆㊀将西方文化的焦虑表现描述为："不安、厌倦、时代病、麻木不仁、人的机械化，人与自己，与他的

㊀ 埃里希·弗罗姆（Erich Fromm，1900—1980），20世纪著名的人本主义哲学家和精神分析心理学家。毕生致力于修改弗洛伊德的精神分析学说，被视为"精神分析社会学"的奠基者之一。

同胞，与自然界异样化”。而这又让我们联想到了英国画家理查德·汉密尔顿（Richard Hamilton）[1]曾对波普艺术作出的归纳：“通俗流行（为大众设计的）、稍纵即逝、易忘却的、低廉的、批量生产的、年轻的（对象是青年）、浮华的、性感的、机巧的、光鲜耀人的、大宗生意的”。这两种声音之间显然存在着某种程度上的关联，或者是在艺术领域中某种因果或对应关系的归纳（图2-2-1）。

其实，在西方近代时期，诸多哲学家和思想家都已经开始对人类意志的客观物质根源和生理基础提出质疑，甚至加以否定。比如叔本华、尼采和爱默生等人的哲学思想中都或多或少地表现出了反理性倾向，叔本华和尼采的思想存在共通点，他们都认为世界的本质是意志，将意志视为万物发生和发展的根源，并通过意志来解释自然界、社会和人类精神中各种现象的存在和变化。

爱默生作为超验主义的代表性人物，他主张人能够超越感觉和理性而直接认识真理，认为人类世界的一切都是宇宙的一个缩影。超验主义的思想观点主要包括三个方面：其一，超验主义者强调精神或超灵，认为这是宇宙至为重要的存在因素；其二，超验主义者强调个人的重要性；其三，超验主义者以全新的目光看待自然，认为自然界是超灵或上帝的象征。叔本华、尼采和爱默生的思想中都存在主观唯心主义倾向，但是，这些思想绝非消极避世，他们的出发点都试图将片面追求物质的思想拉回到对精神层面的追求上来。而这作为西方理性本质的平衡和补充，恰恰贴近了东方传统哲学中的非理性认知。

图2-2-1　巴西艺术家Lobo的波普艺术创作

[1] 理查德·汉密尔顿（Richard Hamilton，1922—2011），波普艺术之父，是世界上最有影响力的当代艺术家之一。

当前，我们所面对的是一个日益复杂多变且充满矛盾的时代，过分强调理性的西方建筑空间理论和思想在这样的局面下，显得异常被动，它在矛盾问题上表现出来的局限性凸显。在前所未有的混乱和危机面前，我们在加强与其他具有极大共性的文明联系的同时，还要回望自身文明的优越性，使其不再单纯作为西方文明的参照而延续和存在。历经数千年绵延至今的东方传统哲学思想，譬如中国传统哲学中的“天人合一”“道法自然”，印度教义中的“梵我一如”，日本茶道文化和禅宗思想等，对于人类自身内在的修复具有重要意义。它们与西方文化和观念的最大区别就在于自身的稳定性和延续性，以及对信仰的坚定性。正如老子所倡言：“塞其兑，闭其门，挫其锐，解其纷，和其光，同其尘，是谓玄同”，其意是去除自闭隔阂，超越世俗褊狭的人伦关系局限，以博大的认同精神和豁然的心胸去看待一切的事物（图2-2-2）。

图2-2-2　天人合一、道法自然的境界

“天人合一”与空间势态的取象比类

近年来，一些西方科学家通过外在的科学实验，在物质的微观世界中发现了对象与意识之间存在着一种不可分离性。虽然这样的认识尚未得到全面的承认，但是它还是为人们认知自身与外在世界建立起了关联，强化了人们对中国传统哲学“天人合一”思想的认同。事实上，现代物理学也充分体会到了“天人合一”思维的可贵性，诚如卡普拉在《物理学之“道”：近代物理学与东方神秘主义》中所强调的：“从哲学的观点来看，在走向无限微小世界的历程中，最重要的一步是第一步，就是进入原子世界的这一步。科学超越了我们知觉想象力的极限，在原子内部进行探索，并且研究它的结构。从此不再能绝对地信赖逻辑和常识。原子物理学使科学家们得以初窥事物的本质。物理学家们现在和神秘主义者一样，涉及于对实在的非感知的经验，他们不得不面对这种经验自相矛盾的方面。因此从那时起，近代物理学的模型和概念开始变得与东方哲学的模型和概念相类似。”㊀

“天人合一”是中国传统哲学的基本精神，更是中国传统哲学异于西方的最显著特征，是历代哲学家所修持和追求的最高境界。董仲舒曾明确提出：“天人之际，合而为一”，而这与《庄子·齐物论》中的“天地与我并生，而万物与我同一”，《淮南子·精神训》中的“天地运而相通，万物总而为一”的认识具有根本的相似性。“运而相通”是指事物在运动过程中所具有的相通关系，而不是静态空间中稳定的结构逻辑；“总而为一”则是指事物运动方式的同气相求，而不是物质结构的等量齐观。在“天人合一”的思想中，物质世界始终处于绝对的运动之中，而意识反应存在，意识则必然要顺应物质世界的客观变化，即所谓“以天道贯通人事”。

“天人合一”思想是将生命过程及其运动方式与自然规律进行类比，以自然法则为基质，以人事法则为归宿的系统理论。而从“天人合一”的观念出发的中国传统文化表现为重道、重神、重无、重和谐、重势，其核心概念归结为“象”与“数”。所谓“象”指的是经验的形象化和系统化，“象”的特征是动态的，它不提倡单纯地模仿事物的形态，而是力求洞悉事物的变化，“象”是全息的，万事万物息息相关。《黄帝内经》中提出，通过生命活动之象的变化和取象比类的方法来反映生命本身，以及不同生命活动方式之间的相互关系和相互作用，是一种对生命认知的自觉反映（图2-2-3）。

图2-2-3　生命的活动之“象”

㊀ 卡普拉.物理学之“道”：近代物理学与东方神秘主义[M]. 4版 朱润生，译.北京：中央编译出版社，2012:32.

对于“象”与“数”的关系在《左传》中也有记载：“物生而后有象，象而后有滋，滋而后有数”；而《黄帝内经》认为，生命运动与自然一样，有理，有象，有数，通过取象比类，可知气运数理。“数”是形象和象征符号的关系化，以及在时空位置上的排列化、应用化和实用化，它不同于西方的数学概念，不是描述空间形式和数量关系，而是以取象比类的方式描述时间和运动关系。概括而言，天人之间的取象比类，是超逻辑、超概念的心领神会的类比，这种感觉的相似、雷同、相通，必然有着深刻的生理学、心理学甚至物理学意义。可以说，“天人合一”是直观生命的体验，领悟人生、人性的真正出发点。

“天人合一”的观念成为中国人的宇宙意识和伦理道德的核心，中国人愿意把天地万物与人以及同人有关的一切物质和精神世界相类比，主张它们有类似的结构、性情和属性，并且在生活中处处实践着这一理念。当然，传统建筑形式也不可避免地受到这一理念的渗透和影响。在此我们开始反思，我们是否可以通过空间之中生命活动之象的变化，以及取象比类的方法，来解读相对稳定的空间行为和空间事件之间的相互联系和相互作用呢，是否可以将“生命活动之象”视作空间运动现象在东方观念下的理解呢？

“道法自然”与空间的适性

“道法自然”是道家思想的核心。老子在《道德经》第二十五章中讲道：“人法地，地法天，天法道，道法自然。”这里的“自然”并非实指，它是“自然而然”的自然，即“无状之状”的自然。道家所主张的“道”，是指天地万物的本质和自然循环的规律。自然万物处于恒常的运动变化之中，道即是维系其运行的基本法则。老子所说的“道”大致有三重含义：其一，道是先于天地的混成之物；其二，道是存在于万事万物之中的普遍法则；其三，道无形无象。道是对自然欲求的顺应，任何事物都有一种天然的自然欲求，谁顺应了这种自然的欲求，谁就会与外界和谐相处；谁违背了这种自然欲求，谁就会同外界产生抵触。所以，在这里蕴含了人们看待世界的基本认识论和方法论。

在《道德经》第六十四章中写到“是以圣人欲不欲，不贵难得之货；学不学，复众人之所过，以辅万物之自然而不敢为。”其中，“以辅万物之自然而不敢为”是指依循万事万物的自然发展而不妄加干涉。在老子看来，自然万物同人类自身等同，而无高低贵贱之别，都是道的外化和显现，如他所言：“道生之，德畜之；物形之，势成之。是以万物莫不尊道而贵德。道之尊，德之贵，夫莫之命而常自然。故道生之，德畜之，长之育之，亭之毒之，养之覆之。生而不有，为而不恃，长而不宰，是谓玄德。”通俗地理解即是，世间万物由道而生，由德而育；万物各具其态，环境促其成长，所以，万事万物莫不尊道而崇德。道生万物而不加以干涉，德育万物而不加以主宰，这就是玄妙深远的境界。我们从中也可以领悟到人类并非世界的中心，而是隶属于包括整个生态系统和人类社会在内的大环境，所以“道法自然”才是人类生存和生活所依循的根本法则，也是发现至善至美的根本途径。

在道家看来，大自然本身是至善至美的，它体现在两个方面：一是适性的自然状态，二是适性的自然环境。何为适性，简而言之，适性就是在保持其纯真天性的基础上循性而行，从而让本真天性得到充分的发挥。适性是道家的最高追求，而自然状态恰恰就是一种最为适性的状态。总之，道家认为只有在自然的状态下，天地万物才能呈现出本来面目，人才是真正的人，物才是真正的物。

道家不但认为大自然是至善至美的，而且还认为正是体现于天地万物之中的理性的自然精神造就了这种至善至美。因此，人类应当“因天地之自然”，通过对大自然的观察和体悟来发现并理解蕴含于其中的自然精神，以及指导自身的行为，而无需以一些自以为是的人为观念来确立人生的意义和价值。正如《庄子·知北游》所云：“天地有大美而不言，四时有明法而不议，万物有成理而不说。圣人者，原天地之美而达万物之理。是故至人无为，大圣不作，观于天地之谓也。”（图2-2-4）

图2-2-4　大自然中的至善至美之境

“有无”与“虚静”中的空间意蕴

老子的哲学是以“有无”境界为其思维的起点和基础。老子提出了“无名，天地之始；有名，万物之母”以及“天下万物生于有，有生于无”的观点。在老子看来“无”是绝对存在的概念，能够与“无”之最高境界相通的是“有”，“有”隐藏在现实万物实有之内，它是一切现象，是一切相对存在的概念，对人来说是可以认知和辨别的东西。

老子所强调的“有无”境界的哲学思辨，不是通过对万物实有的理性分析而达到，而是寄予主体对宇宙万物的大彻大悟及其内在精神的超越。只有主体的悟性上升到一定的境界层次，并且在“无”的境界的关照下，人们才能真正剥去附着在现实世界之上的外在事物的遮蔽，觉悟“无中之有”的微妙。而在“无”的最高境界中，人们能够领悟到“虚静”的人生境界。老子讲：“致虚极，守静笃。万物并作，吾以观复。夫物芸芸，各复归其根。归根曰静，静曰复命；复命曰常，知常曰明。”虚和静都是反映人的内心境界的一种空明平静状态，可是，由于人性的私欲和外界的诱惑，而使人的心性深受蒙蔽不见清明。所以，人应当常思复本的意义，假如真能做到“致虚极，守静笃”，心性便可与天地为一体，与万物为一身（图2-2-5）。

天有天道，地有地理，物有物蒂，人有源起。世间万物由动而生，静而归根，若树木春生夏长，秋收冬藏，终而叶落化泥。品茗虚静犹如东方茶道之享，唯有倾倒内心堆砌的杂念，回归虚静，才能体味茶色的剔透，茶香的飘逸，茶味的清郁，才能得见世间诸物的脉络，洞悉世间诸物的根本。

图2-2-5　虚与静

《庄子·天道》中说："夫虚静恬淡寂寞无为者，天地之本，而道德之至。"离开了"有无"和"虚静"的存在，万物就不能生长，也更没有了生命的活跃。对此的哲学理解不仅仅维持在东方的范围内，西方的一些思想家和建筑师们也同样在实践着这样的认识和理解，路易斯·康就对老子的思想极其推崇，而路易斯·巴拉干更是将这种"虚静"的理解倾注到他所有的设计作品之中。巴拉干的作品充满了宁静、淡默和神秘，散发着孤独和优雅的情调，而这也是他最希望人们能够从他的作品中感受到的内容。巴拉干曾说："宁静是解除痛苦和恐惧的真正伟大的良药，无论奢华还是简陋，建筑师的职责是使宁静成为家中的常客。"

圣·克里斯特博马厩与别墅是巴拉干的一个代表性作品，它位于墨西哥城北郊。这座白色房子的体量被设计成一系列不同高度的组合，并围绕着一条走廊来组织空间。游泳池由一段沿着水面延展的墙体围合着，并把楼梯和其他空间连接起来，色彩鲜艳的高墙和清澈的水池形成了这边独特的风景线。在这里，巴拉干开创了一个让自己平静的花园，设置一处原谅自己欲望与愤怒的小礼拜堂，并使环境与主人之间能够对话，从而表达各种微妙的情绪（图2-2-6）。

图2-2-6　圣·克里斯特博马厩与别墅

"反者道之动"——朴素的有机运动观念

老子的辩证思维，是建立在道论的基础上，是对万事万物运动变化规律的总体把握，他在《道德经》中提出"反者道之动，弱者道之用"的观点。在这一观点中，他不仅揭示了对立统一的规律，还表述了对立面的发展与转化思想。"反者道之动"是指向相反的方向转化是“道”的运动规律，老子认为自然界和人类社会是变动不居的，变动不居的原因是天地万物都存在着两个相互矛盾的对立面以及对立面的互相转化。很长时间以来，人们对“反者道之动”的理解主要包含以下两方面的内容：

其一，老子认为万事万物都存在自己的对立面，而矛盾对立的双方又相互依存，就像老子所说：“有无相生，难易相成，长短相形，高下相倾，音声相和，前后相随”。他对事物的认识几乎都是从对立统一的范畴进行的，老子认定自然现象与社会现象中相反相成、相互依存的道理具有普遍性，这种普遍性不仅仅发生在事物之间，还发生在事物的内部，表现为阴阳两种势力的对立，维持着既排斥又依存的关系，即所谓“万物负阴而抱阳，冲气以为和。”由于阴阳双方的对立运动决定了事物由成长到衰落的发展，而这也贴合了老子所强调的“周行而不殆”的道理，即当事物自身发展到一定程度的时候，就会改变原来的状态，向矛盾的对立面转化。

其二，在老子的运动观中，他注重事物对于本源的回归，“道”作为万事万物的存在依据和本真状态，是事物存在的原初状态，而“道”的运动则是事物返归本源的一种运动。在生活中，我们真实地置身于空间之中，却并不见得能够切身地感知到空间本身的存在，而是将更多的关注点集中在空间的行为和事件，以及空间与其他事物或者事件的关联上面。相对于空间本身，空间行为和空间事件的发生都不具有永恒性，这就好比历史学家在历史遗迹上复原盛大壮观的历史景象，却不得不面对时过境迁、物是人非的现状。所以，“道”才是一切存在的最初起点和最终归宿，发生在空间中的一切行为都是复归本源的运动。

基于以上两个方面的理解，让我们看到老子“反者道之动”所揭示的事物运动变化的原因和动力，以及事物之间和事物内部对立面双方相互依存和转化的规律性。除此之外，老子还主张人们在生活中要通过否定的方法，不断地摆脱生活中与“道”相背离的层层外化表现，使得“道”的本质得以显现。

日常生活中，我们习惯了对着镜子穿衣打扮，有时候却对着镜子发呆，自言自语，或是做出各种表情，甚至于将镜子作为发泄对象而将其打碎在地。这是因为我们需要看清自己，还是在认识另外一个“我”呢？所谓“以铜为镜，以史为鉴”，对于现实生活而言，历史是现实的一面镜子，那么，对于作为生活背景的空间而言，它的“镜子”在哪里，是在人们的观念和意识之中吗？空间运动现象的对立面又是什么，是空间行为和空间事件的否定状态吗（图2-2-7）？

图2-2-7 空间运动的镜像

第三节 | 东方传统哲学思想的会合——禅宗篇

禅是一种境界，是觉者的生活境界；禅是一种受用，一种体验；禅是一种方法，一种手段；禅是一条道路，一条探索开发智慧之路；禅是一种生活的艺术，生活的方式；禅是永恒的幸福，真正的快乐，是超越一切对立的圆满，是脱离生死的大智慧，禅能够把人的生命固有的一切能量和活力释放出来。

——净慧大师

内在心性与生命自觉

禅宗，源于佛教文化东渐，结合中国文化和人文气质而形成的一个佛教宗派。禅宗虽为佛教宗派，却几乎摈弃了佛教本身的所有神学气息，而与此同时，它也脱离了哲学的范畴。从禅宗思想体系的内涵、结构及其主旨来看，心性论是其核心内容，禅宗是以心性论为基点，通过心性修持而获得心性升华的心性学说，禅宗的心性论既不是唯心主义，也非理性主义；它超越了理性，却并不排斥理性。禅宗的终极追求是作为一种纯粹的生命体验，实现对生命价值的超越，是一种摆脱烦恼，追求生命自觉和精神境界的文化理想（图2-3-1）。

中国的道家思想将“自然”视为万物的本性和本质，禅宗汲取了这一“自然”的观念，以此来诠释生命的自然状态和人的自性。人的自性既然是自然的，那么它就是内在的，内涵于人身的本质性存在，既非外在神灵的赋予，又非通过超验经验，违背人性的作为而获得，同时也非任何外在因素所能消灭。人的自性是内在的，又是超越的，因为内在本性是清静、圆满、淳朴和觉悟的，是离开一切现象，有别于人的外在表现。

禅宗中的“禅”并非指代某一种特定的修行方法，而是指证悟到本性的一种状态。禅宗主张通过个体的知觉经验和沉思冥想的思维方式，在感性中经由悟境而达到精神上

图2-3-1 内在心性与生命自觉的禅宗文化

的超越和自由。它的顿悟超出了一切时空、因果、过去和未来，并获得了从一切世事和所有束缚中解脱出来的自由感。在禅宗思想中所强调的“识心见性”，即是一种对自己内心自性的体认，也是其他任何外在力量所无法替代的领悟。禅宗认为，终生自性常清静，若能祛除妄念，便可明心见性，顿悟成佛。但在顿悟的前后，世界本身并没有发生变化，变化的是人与世界的关系和人观照世界的方式。可以说，禅宗不仅被用来提高素养，净化心灵，启迪智慧，更可以圆满回答人类文明的根本问题，并蕴含着拯救人类文明危机的智慧，而这关乎整个人类文明的起点和归宿。

禅宗思想认为人生的自由存在于不自由之中，而“悟”是自由与不自由的界限，对于建筑空间来说也是同样的道理，凡是被人们所设计的空间并非拥有真正的自由，因为空间的自由在设计之外，它是同人们内在超越物质束缚，获得精神满足相关联的一种玄灵之相。

禅宗中讲究的知觉经验和沉思冥想的思维方式是体验和感知空间、运动和事件的根本出发点，如若人们的自性被外界的尘世俗念所遮蔽，那么，人们就不可能还原或者预知到空间运动现象的原相。对于建筑空间而言，它与人的自性存在着共通之处，它同样是内在的，在与生命原相结合的过程中，对生命的承载和超越是其永恒的主题。人们将空间赋予生命的特征，也是基于同样的考虑，特别是面对当前处于急剧转型过程中的社会和日益严重的价值失衡，建筑空间的原初意义——与生命的关联——需要得到释放和重塑，而此时，禅宗的心性论也就成为了理想的价值坐标系的原点。

简朴的信奉与非二元对立

二元对立思维在西方由来已久，可谓是其“文明”的重要组成部分，它的形成是由西方的传统哲学、宗教和语言等诸多影响因素所共同决定的。在其哲学思考的过程中，逐渐建立起了一套严密有序的概念、判断和推理的逻辑手段，以及梳理出了一套有关宇宙、自然、社会和人的相对完整的理性体系和二元对立结构。这一理性至上的传统哲学所具有的绝对权威带来了自然科学的空前发展，而与此同时，也导致了西方在人性认识上的深刻危机。19世纪，达尔文在进化论中所提出的“弱肉强食”“适者生存”等观点，进一步加剧了自然界物种的对立和冲突。然而，他的这些观点遭到了后来一些生物学家的批判，并指出“万物相互依存才是生物界的基本图景”。到了20世纪，物理学界确认了光具有波粒二象性，这一认识真正打破了传统观点中的二元对立思想，而到了量子力学领域，与此相似的看似矛盾的现象比比皆是。

在人文学科领域，德里达认为，二元对立思维不仅反映出观念上的机械，更重要的原因是其与思想领域、政治领域和社会领域的暴力有着同谋关系。这一观点被后来西方诸多学者所认可和接受，二元对立和一元中心归根到底是对他者和他性的畏惧，压制和放逐，并借用上帝、理性、真理和文明的名义威胁和攻击他者。

西方彻底且带有攻击性的二元对立观念，长期将物质与精神、人与自然、科学与宗教视为各自独立，互不相关的事物，并将东方的传统思想被解读为完全的一元论，实际上，这样的理解并不全面，甚至过于机械，并在认知层面上暗含着一定程度上的误导性。东方的传统思想，特别是禅宗思想与西方传统哲学中的二元对立存在根本不同（图2-3-2）。

图2-3-2　简朴的信奉与非二元对立

东方的禅宗思想以其简朴的信奉来消解人们内心深处的紧张、矛盾、恐惧和障碍等意识，同时从事物之间的联系着眼，更加强调事物的整体性。人与宇宙休戚与共，人与自然相互依存，生命的短暂与时间的永恒、生命的个体与空间的整体、生命的主体与宇宙的客体等一系列人类所面临的矛盾，都是禅宗超越的对象。禅宗中强调通过无限扩张个体的心灵作用来摆脱个体生命的局限，进而消除有限与无限之间的矛盾。将此概念推演到空间概念本身，也具有同样的适应性，通过人们个体意识的扩展，可以冲破空间自身的有限性界限，从而获得一种特殊的愉悦体验和生活意境。确切地讲，东方传统哲学思想是以多元包容和多元文明为基础的秩序，是和谐有序而非树立冲突，是大智慧的结晶，只是处于现代文明中的人们因自身的“贪、嗔、痴、慢”而遮掩了它的光芒。

在本书中，笔者所推崇的空间运动概念旨在消除伪善的且带有攻击性的二元对立思想，消解“暴力”的对立和对抗，但是，消除对抗并不等同于要排斥差异，因为差异本身的多元与丰富性是生命的原本属性。所以，我们在空间中强调行为与事件之间的相互包容、相互渗透以及和谐共处的关系，经由简朴的信奉和内心的无限扩张来获得澄明的认知。

“物我一如”与境界论

禅宗思想主张通过个体的直觉经验和沉思冥想的思维方式，在意识中觉悟而达到精神上的超越和自由，这是“物我一如”的禅境和简朴信奉，而个体内心的清净便是达到这一境界的关键。人之本心原来清净，然而“色、受、想、行、识”五蕴的聚合遮掩了人们的清净的本心，使得人们内心杂念丛生，欲望不止，而难见禅宗之心性和自性，正所谓“一翳在目，千花竞飞；一妄动心，诸尘并起”。（《宗镜录》卷54）所以，我们首先要从意识本身放下执拗与虚妄的二元对立观念，就像《船若波罗蜜多心经》中所讲到的“照见五蕴皆空，度一切苦厄”，是说世间的一切生灭现象并非实有，而是空的，不是个体生命所能主宰，因而可以度脱一切痛苦和灾难。这是一种旷达的境界，也吻合了老子所强调的“心净无为”之说。

然而，实相本是一条生命之流，永远处于流动状态之中，也即所谓的世事无常。特别是伴随着人类的普遍意识觉醒，自我与现实之间的疏离关系愈发明显，而这意味着人类对自身现实存在状况的超越的艰巨性，“空”作为一种动态的否定过程，要求人们内向度体悟生命本性，剥离束缚，清净自在，便可处处得法，时时得道。当人们的意识复归于澄明、清净和空无的境界中，人们的身体与“空”相融，一切所谓的人与自然，主体与客体、此岸与彼岸、瞬时与永恒、有限与无限等对立观念的差别都会泯然消失。与此同时，人们也就获得了“物我一如”的境界，可以说，它是一个到达闲适与旷达境界所不可或缺的环节，它包含着有机共生的思想，是一个生命关联、互动和超越的过程。

当人们接受简朴的信奉，并到达“物我一如”的境界的时候，人们就会对周围环境的一切变化“感同身受”，并在禅定、禅修的过程中慢慢觉悟，从而“识心见性”，而“识心见性”恰恰就是东方禅宗精神的根本所在。

禅宗所主张的觉悟思想，强调运用简洁的材料和写意手法来营造空间，表现无限自然的美学真谛，使人们从精神上摆脱物质与环境的束缚，从而获得在有限与无限的意境之间自由穿梭的乐趣和享受。简朴的陈设成为了通往“物我一如”的道具，是禅宗“看破”和“放下”的物质体现，并引领人们进入到从容、淡定的生命境界。

禅宗文化从中国东渡到日本之后，得到了全面而又系统的发展。禅宗的教理和精神渗透到日本日常生活的各个层面，并与日本本土风格相融合，形成了一种独特的禅宗文化。日本的枯山水庭院，便是从禅宗精神中抽离出来，在禅宗“空寂”思想的激发下，所形成的一种最具象征性的庭院模式，其中渗透着“空相”与“无相”的境界。枯山水庭院以石头、白砂、苔藓为主要材料，形成以砂代水，以石代山的情景，其中，白砂随机变化的波纹，在人们联想和顿悟的过程中被赋予生命的意义，并具有了禅宗的简朴、枯高、自然、幽玄和脱俗等性格特征。枯山水借助粗朴的材料、简练的手法，营造了观照式的庭院，表现了广袤无垠的自然世界与深邃幽幻的宗教氛围。（图2-3-3）。

图2-3-3　日本的枯山水庭院

禅定、禅修与空间体认

空间是事物存在的无障碍性，容受着事物的生灭变化，展现着事物之为事物的种种相状，对于空间的完全认识依赖于人们对事物的解释。然而，在禅宗看来，世俗的空间认识是幻想中的产物，人们所看到的空间是自我的空间，是心灵的事实，空间、运动和事件都是假象，正所谓“不是风动，不是幡动，仁者心动”。因为在禅宗看来，对于世俗生活境域中确定空间的认识，是在其真相还没有显现前就被错解了，世界的真相可以从一丝一毫的痕迹中显现，如果人们的内心还有一丝执著，就遮蔽了真正的世界。执著于物质确定性的人们是无法形成真正的空间认识的，只有当人们抛却凡尘的虚妄杂念，摆脱世俗的精神羁绊，踏入顿悟的境界，使其心性回归“清净”的观察，“识心见性”，而后才会还原真相（图2-3-4）。

人心回归“清净”即是禅修的过程，禅宗认为，人在宇宙之中，宇宙同时也在人心之中，人与自然之间不仅仅是彼此参与的关系，更是浑然如一的整体，为了在人的生命历程中，展现出这种自然、宇宙与人的整体境界，禅修、顿悟便是达到这一境界的关键。禅修要求安住一心，通过个体的直觉体验和沉思冥想，在悟境中渐渐达到精神上的超脱和自由。禅宗的修习，让人们的认识从宏大的叙事转向细微的观察，强调转瞬即逝的体验与刹那的存在，从体验到感知，进而扩充到整体的系统之中，让空间的连续性得以维系。

当人们的心灵清净之时，空间事物也就回到了自身的自在状态。在禅宗看来，从心空到物空，再到运动的虚无，实现了自身的自由和解放，在这里可以看到“事物”真正

图2-3-4 心性回归“清净”

的生起和演化。瑞士建筑师彼得·卒姆托[㊀]所设计的建筑形体较为简洁，通常被认为缺少画面感，但是，他却在材质的表现、光影的变换、细部的处理以及空间的感知等方面拿捏得恰到好处，而其作品的真正魅力也正源自于人们对材质、光影、细部和空间的切身感受和细细品味。这样的一种建筑设计操作来自于卒姆托对主流所倡导的“真理”的怀疑，他凭借着自身丰富的经验，面对生命而进行的一种富有成效的探索。卒姆托的建筑在两种不同的状态之间获得了戏剧般的平衡，这两种状态即是：为了再现不能逃避的物质性的原始渴望和反抗重力走向虚无的根本冲动。可以说，卒姆托的建筑激发了人们去面对物质与空间的本质，而这种本质又能够引导人们脱离世俗的世界，进入一个如禅宗所强调的永恒和沉思的虚空（图2-3-5，图2-3-6）。

图2-3-5　彼得 · 卒姆托设计的布雷根兹美术馆外观

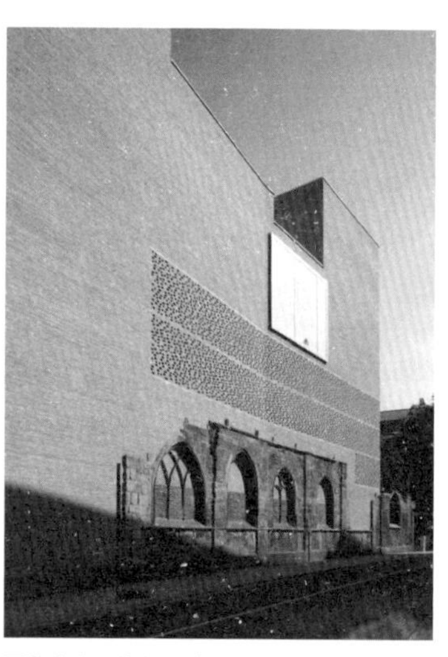

图2-3-6　彼得 · 卒姆托设计的德国科隆Kolumba博物馆

在日常生活中寻求超越

禅宗主张修道不见得要出家，也不见得要读经，所谓的世俗活动可以照样进行。禅宗认为，禅并非思想，也非哲学，而是一种超越思想与哲学的灵性世界，因为语言文字会约束思想，故不立文字，要真正达到“顿悟”，唯有隔绝语言文字，或者避开与语言文字的冲突，以及任何抽象性的论证，透过个体的切身体会和感受，让人们的凡尘

㊀ 彼得·卒姆托（Peter Zumthor），瑞士著名建筑师，2009年获得普利兹克建筑奖。代表性作品有瓦尔斯温泉浴场和布雷根兹美术馆等。

杂念在顿悟的时间点上溢出时间的自然流动，在意念深处获得生命的澄明状态。

在宋代无门慧开禅师的《无门关》的书中，有一首诗偈写道："春有百花秋有月，夏有凉风冬有雪。若无闲事挂心头，便是人间好时节。"此诗常用来规劝人们放宽心怀，抛开俗尘杂念，以便在日常之中体会到世间万事万物的美。这在一定程度上暗合了禅宗是生活的诗化和诗化的生活的看法，同时也反映出禅宗的境界不是在思辨中形成，而是隐现于日常的朴素之中的闲适与旷达，是一种人生的超然态度。

禅宗精神是一种超越的精神，它不离日常生活，与感性生命同在，它表现出一种生命状态、一种心灵境界。在中国的传统园林艺术中，总会传递出一种人与自然的对话，一种安详平和的心态，一种以"空"的理念对待世间万物的觉醒。人们通过与禅宗闲适和空旷境界的交融，实现了精神同大自然之间的彼此渗透，心性与园中诸物心意相通（图2-3-7）。

图2-3-7　中国传统园林与自然的对话

苏州园林作为中国的传统私家园林中的精髓，在营造的过程中通常都会因地制宜，并以借景、对景、框景和隔景的方式来组织园内空间和结构，从而获得灵活多变、以小显大、虚实相间和内外渗透的艺术效果。其中，主观情感对具体物化景致的有机注入，使得主体在客体中得到了关照，情与景在交融中得到了诗化，恰如“虽由人作，宛自天开”的意境。苏州园林既摆脱了等级秩序中均衡对称的格局，也褪去了庄重的庙堂气息，传递着一种退隐的文化氛围，推崇着淡泊、平和与闲适的自然情怀。这样情怀在山水相通、幽径迭出、步移景异的园林空间中随处可见，譬如拙政园“小沧浪”亭柱上刻着的“清斯濯缨，浊斯濯足，智者乐水，仁者乐山”的文句，就揭示着人与山水自然同形同构的感应关系，折射出园主醉心风月的闲情逸致（图2-3-8）。

苏州园林朴素而又含蓄的文化氛围，都是园主精心布局所形成的结果，在其精神境界中潜伏着一种非比寻常的敏感性，透露着人们在日常生活中想要找回的存在感、永恒感和生命的真实感，践行着禅宗美学中的自在随性和反璞归真的生活之道，即“菩提本无树，明镜亦非台，本来无一物，何处惹尘埃。”显然，苏州园林所营造出的平淡、恬静的意境，是以一种禅宗心身感悟的方法，将人们引入一种淡泊清幽的脱尘境界，这样的一种境悟远远超出了园林实景本身。

图2-3-8　拙政园中清幽之境

第三章 | 空间运动有机理论的系统假设

第一节 | 空间是有机容器

建筑拥有自己的王国，它跟我们的生活有着特别的物质关联。我们并不刻意把它们当作消息或符号，也并不关注于它最初想要传达的信息或象征。它们如同封套和背景包围在我们生活的四周，并且一直存在着，如同一个敏感的容器，反映出脚板踏在地板上的旋律，为了工作的专注，为了睡梦的深沉。

——彼得·卒姆托《建筑大师MOOK丛书——彼得·卒姆托》

从“居住的机器”到有机空间的过渡

源于启蒙运动的推动和史无前例的工业革命的影响，建筑学在19世纪后期进入到了较为明确的“居住的机器”阶段。19世纪80年代、90年代，芝加哥学派建筑师沙利文提出了“形式追随功能”的口号，他认为建筑设计应该遵循由内而外的过程，同时注重形式与功能的一致性。在20世纪20年代、30年代，“功能主义”的思想被进一步强化，除了建筑的形式追随功能之外，建筑的平面布局和空间组合也要依据功能需要而展开，并作为不同的功能构件被表现出来。功能主义颂扬机械美学，认为机械也同样是“有机体”，它既包含功能，又体现着时代美学特征。

勒·柯布西耶也对这个时期的工业化影响极力推崇，在《走向新建筑》一书中，他痛斥19世纪以来因循守旧的建筑观点与复古主义倾向，并提出“我们的时代正在每天决定自己的样式”的看法。他认为工程师们的工作方式让他看到了时代的先进性，并强调说“工程师受经济法则推动，受数学公式所指导，使我们与自然法则一致，达到了和谐”。随着时间的推移，当时的人们开始普遍接受启蒙运动的理性观，认定数学是无可置疑的人类创造和用于揭示自身存在的伟大系统，认为“机械决定论”所框定的意识形态是富有创造性的，是展现时代精神的特殊产物。显然，对于当时深受“机械美学”影响的人们来说，他们很难能够意识到“理性”“精确”和“机械决定论”的背后所潜藏的敌意。

随着空间人性化认知的扩大，以及相对灵活和更富表现力的空间概念在建筑师意识中的滋生，一些建筑师开始质疑建筑空间对机械秩序的推崇。埃罗·沙里宁㊀是新一代有机功能主义的建筑和家具设计大师，也是一个将建筑功能和艺术效果真正实现完美结合的建筑师。他在设计中将有机形式与现代功能结合起来，开创了有机现代主义的设计新途径。他最具代表性的作品是纽约肯尼迪机场的美国环球航空公司候机楼，该建筑外形酷似一只即将展翅高飞的大鸟，极具动势。其屋顶部分主要是由四块现浇钢筋混凝土壳体组合而成，且只保持了几个点作为联系，并在空隙之处布置天窗，这使得建筑内部空间布满了形态与光影交织所构筑的多重变化。可以说，这是一个凭借现代技术把建筑同雕塑结合在一起的伟大作品（图3-1-1）。

实际上，真正的有机建筑作为现代建筑运动中的另外一个重要分支，与功能主义思想存在着很多时间上的重合，但它却显现出比功能主义更强大的生命力。功能主义应物质贫乏的时代而生，它所着力解决的是低层次的需求；而有机建筑则表现出极大的不同，它不仅强调建筑空间要满足合理的功能要求，还理应关注与呵护人们的内在性情和尊严，凸现更强的精神意图。

有机建筑的本质始于对自然的观察，认为自然中的生物体都存在自身的结构，而秩序隐藏于事物的内部，所以，应该排除人为几何与数学的规则对建筑的约束，释放建筑

图3-1-1　纽约肯尼迪机场的美国环球航空公司候机楼

㊀ 埃罗·沙里宁（Eero Saarinen，1910—1961），20世纪中叶美国最有创造性的建筑师之一。他把有机形式和现代功能结合起来，开创了有机现代主义的设计新途径。

内在空间与外在形态的自由。布鲁诺·赛维在其《建筑空间论》一书中这样写道：“有机的空间充满着动感、方位的诱导性和透视感、生动和明朗的创造；它的动感是有创造性的，因为其目的不在于追求炫目的视觉效果，而是寻求表现人们生活在其中的活动本身。有机建筑运动不仅仅是一种时尚或一种反体积感和反棱柱体感的空间感，而是寻求创造一种不但本身美观而且能表现居住在其中的人们有机的活动方式的空间。”㊀

有机建筑认为，每一种生物所具有的特征外貌，都是由它能够生存于世的内在因素决定的。建筑本身也是一个有机体，一个不可分割的整体，同人类和其他生物一样都是自然生态的一部分，以自然界中的生物形态多样性、内在与外在的形式结构，以及生命的过程作为经验借鉴来表达自身。F.L.赖特作为有机建筑的代表人物，其建筑实践主要经历了从物质实体到内在空间，从静态空间到流动空间，从连续空间到四度序列展开的形态空间，最终呈现出了富有内在戏剧性的空间。在赖特看来，有机建筑是人类生活的真实写照，它不是一个集约的集合体，而是一个具有整体统一性的事物的存在和延续（图3-1-2）。

图3-1-2　赖特设计的西塔里埃森外观及局部

新陈代谢与共生思想

20世纪60年代以后，随着社会信息化的急剧发展、建筑与自然的深度关联，以及生物体的有机特征开始受到建筑师的普遍关注，“形式追随功能”“住宅是居住的机器”“少即是多”“装饰就是罪恶”等口号和信条都不再被建筑师们所推崇。而后，随着混沌理论、分形理论、突变论和耗散结构理论等诸多学科的发展，与“生命的空间”相关的概念

㊀ 布鲁诺·赛维.建筑空间论——如何品评建筑[M].张似赞，译.北京：中国建筑工业出版社，2006:111.

越来越多地被提及。譬如在日本以丹下健三、菊竹清训、川添登、黑川纪章[1]、矶崎新等为代表的新陈代谢派推出的新陈代谢理论，以及后来黑川纪章所提出的共生思想等。

新陈代谢理论结合了20世纪60年代对技术的激进意识，倡导以一种更加微妙的内在秩序来支撑城市的自然发展，而不是将城市看作一个静态的物质结构。其概念本身源自生物学概念，作为生物体与外部世界物质与能量交换的有机功能，新陈代谢反映出来的是生命系统的重要特征。新陈代谢理论将其概念扩展到城市设计的层面，主要是期望人类赖以生存的城市环境能够具有生长和自我更新的能力，因为在新陈代谢派看来，城市系统与生命之间存在着一种微妙的关联，呈现为一个有机的过程而非静态的实体。

带有前瞻性和未来主义倾向的新陈代谢运动，实实在在地推进了城市系统的生命化构想，其核心成员的具体操作也是积极有效的。但是即便如此，也无法掩盖其核心思想与真实操作之间存在的明显间隙和局限性问题。位于日本东京银座区的中银舱体楼，建于1972年，是黑川纪章早期的代表作品，它对于黑川纪章建筑思想的形成具有重要影响。黑川纪章将140个六面舱体悬挂在两个混凝土筒体上面，组成了不对称的、中分式楼，并采用新陈代谢的解决方案——随着时间的变迁，插入核心筒的居住舱体可以随时更换。这是一个非常环保的设计概念，并在建成后引起了建筑界的强烈反响，然而，理论上可以更换的舱体却始终没有更换过，黑川纪章细胞式建筑理念的可行性也就无法得以证实。该建筑最终也因业主出于对其抵抗地震能力的担心和土地使用率过低等因素的综合考虑，而不得不面对被拆除重建的局面（图3-1-3）。

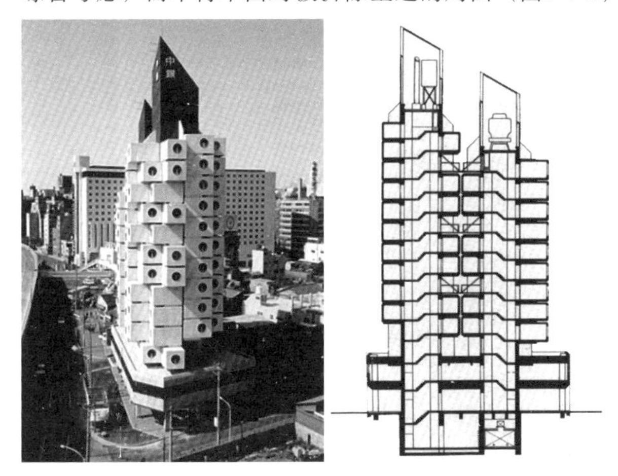

图3-1-3　黑川纪章设计的中银舱体楼外观及剖面

[1] 黑川纪章（1934—2007），日本建筑师，曾与矶崎新、安藤忠雄并称为日本建筑界三杰。荣获众多授奖和荣誉。

另外，新陈代谢派核心成员在当时的设计构想也都表现出过于明显和强势的机械化倾向，譬如菊竹清训的“海上城市”（图3-1-4）、丹下健三的“线性城市”（图3-1-5）以及矶崎新的“空中城市”（图3-1-6）等构想，它们基本上都是集合了机械化倾向和乌托邦思想的宏大计划——希望借此解决社会危机和民族文化所面临的困境。显然，这些构想并不具有现实适应性，所以最后，建筑师们不得不绕开了这些带有普世性和集成环境的创造，而另辟蹊径。矶崎新发展了以象征主义和历史隐喻为特征的后现代建筑语言，黑川纪章则提出了“共生思想”。

图3-1-4　菊竹清训的“海上城市”构想

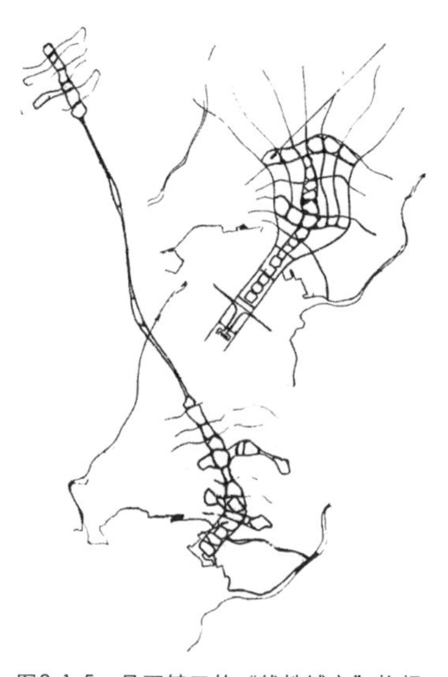

图3-1-5　丹下健三的“线性城市”构想

图3-1-6　矶崎新的“空中城市”构想

黑川纪章面对当今世界多元化的趋势，修正了自己对于技术永恒性和普遍性的信仰，因为他已经清晰地发现，即使如何发达的技术也无法解决世界上所有的问题。而共生是人类和人类社会持续存在的基本前提，在人类推进技术进步的同时，也要回身关注人与技术的共生、技术对人类的反作用等现实问题。黑川纪章在《新共生思想》一书中写道："以自由竞争为基础的适者生存、强者的霸权主义，选择了合理主义，排斥所有暧昧和异质的东西，彻底追求速度、效率和均质性，而发展起来的现代科学技术和经济的根基，正是机器时代的精神。""而新时代——生命时代的精神，则是把异质共生、不断变化的动态均衡、突然变异、新陈代谢、循环、成长、保持遗传基因的固有性、物种的多样性等等，以生命原理作为目标的时代精神。"㊀

共生思想主张对现代建筑所抛弃的双重与多重含义的性质进行重新评价，强调事物的对立与统一、冲突与融合、整体与局部、机械与生命等关系的存在。因为如果舍弃这些共生现象存在的事实，地球上就不会有生命体的存在，也不会有多细胞生物的进化。美国微生物学家马古利斯（L.Margulis）深信共生是生物演化的机制，整个地球就是一个巨大的共生有机体，强调说"大自然的本性就是厌恶任何生物独占世界的现象，所以地球上绝对不会有单独存在的生物。"

空间运动有机体系及有机特性

从功能主义到有机建筑，从新陈代谢到共生思想，人们对于建筑的认识在经历跨越性转变，但是，这些观念或者思想并非是发散和无序的，它们都指向了空间与生命的密切关联。时至今日，人们不再接受建筑被简单地定义为"居住的机器"，以"生命原理作为目标的时代精神"得到了公认，空间与生命的结合成为了人们关注的焦点。基于对"生命原理作为目标的时代精神"的契合，笔者尝试着通过两层假设来构建新的空间认知体系——空间运动有机体系，以此作为感知、体验和理解建筑和城市空间的新框架。

假设一，整个宇宙被视为一个完整和统一的"空间有机体"，它有生命、充实和系统化，人们置身其中，可以听到它的声音，闻出它的气味，感受它的心跳。建筑和城市作为该有机体系下的存在，同样具有了这些特性。孔宇航教授在《非线性有机建筑》一书中曾这样写道："建筑只有成为一个会呼吸的生命有机体，才能自由吸纳土地与空

㊀ 黑川纪章. 新共生思想[M]. 覃力，杨熹微，慕春暖，等译. 北京：中国建筑工业出版社，2009:47.

气中的养分，从而保持地球原有的生态平衡，与自然系统达到共生共存的状态。”㊀确实，建筑和城市只有作为生命有机体而存在，才会生成真正的有机空间，而只有在有机空间中，强烈的向心性才能最大程度地实现对生命体的呵护，实现对生命体最高情感的孕育；也只有在有机空间中，人们才能感受到空间、运动和事件的真实所带来的质朴和亲切，这种真实既没有被私欲掺杂，也没有被过度纯化。

假设二，人们可以设想自己置身于这个“空间有机体”之外，来审视和度量在“空间有机体”中已经发生、正在发生和将要发生的空间行为，以此形成全面差别化的空间认识和体会。在全面差别化的空间认知中，空间的有机分隔取代了传统意义上的围合和创造，而分隔的结果同时产生两个界面，界面内侧是建筑，外侧是城市。实际上，建筑的原始意义正是由处于“空间有机体”中不同位置的分隔元素之间的关联与分离所产生。当空间的分隔所产生的关联与分离被赋予一种多义与模糊的意味，并且这种意味渐渐营造出一种氛围和感觉的时候，建筑就会呈现出一种诗意的创造性可能，如果能够通过某种有机的方式对空间中的骨架支撑系统（结构墙和柱子）进行调整、改变或者解放，那么，这种诗意的创造性可能会得到全面的放大（图3-1-7）。

基于以上的假设性描述，空间运动有机体系的模糊性概念开始浮现，那么，到底什么是“空间运动有机体系”呢？首先，它是一种时空连续的建筑和城市空间解读和构想观念；其次，它有与其相对应的空间图式，这些空间图式不同于传统的模式语言，它们不会强迫人们去建立理想化的限定。而这也是空间运动有机体系与现代主义、后现代主

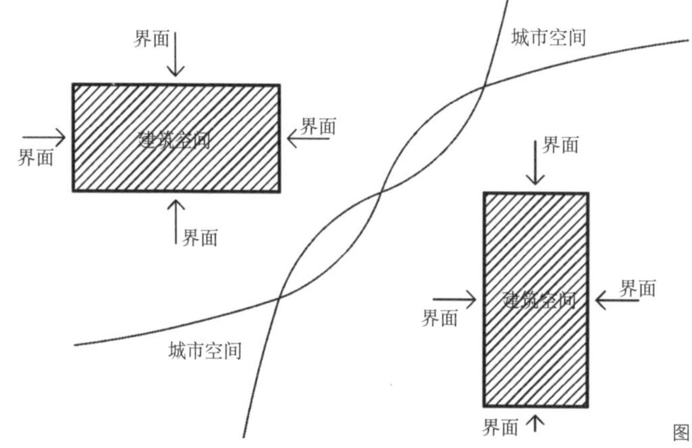

图3-1-7　空间的有机分隔界面图示

㊀ 孔宇航. 非线性有机建筑[M].北京：中国建筑工业出版社，2012:49.

义等建筑观念一直以来都在试图建立并推行系统化语言，勾画美好愿景的最大不同。

在空间运动有机体系中，空间作为有机的容器，容纳空间、运动和事件在混沌状态下的某种秩序中自然地发生，而其他的事物或事件都是作为满足生活情趣和填补场所意义的要素而存在。这些事物或事件与有机空间相辅相成，衍生出具有积极意义的差异性，充实并活跃着空间的气氛。当这种气氛以一种运动现象在空间中蔓延和传播的时候，它激越了多样性的空间情绪。在这里，笔者将空间运动有机体系的假设性思想与人们长期以来所形成的各种有机观念相结合，梳理出了空间运动有机体系中的空间有机特性，大致如下：

1）内在源发性：空间要可以自在生成，并像植物的种子一样发育，成长和成熟。

2）结构的稳定性：建筑空间要像生物体的内部结构一样保持稳定，并可以实时实现自在连续与自我更新。

3）灵活的适应性：建筑空间能够跟随自然的力量，对外界的事物和事件作出及时而又准确的反应。

4）与环境协同作用：作为自然环境中生物多样性的有效补充，能够庇护生命，并与外界的信息和能量实现交换，与外界的组织和媒介实现渗透。

5）多重价值的统一：既要满足社会的需要，又要考虑自身的存在与精神诉求的结合。

6）富有节奏和韵律：空间能够实现连续发展，并和谐有序。

7）可被感知与体验：空间既要有领域感，也要有归属感，否则它将会是僵化和无趣的，是非有机的存在。

强烈的向心性对情感的孕育

在空间运动有机体系中，作为有机容器的空间，因为人的存在而富有意义，人赋予空间多重性格与多种情感。心理学家把情感定义为：“人对客观现实一种特殊反映形式，是人对于客观事物是否符合人的需要而产生的态度的体验。”空间通过人们的知觉体验，与人们发生直接的情感交流，同时展示出多变的情感特征，其实，在人们意识中所能想象和总结出来的情绪都能够在空间中找到对应，不管是喜悦的、平和的，还是悲伤的、激烈的；不管是温暖的、活泼的，还是冰冷的、严肃的。

建筑空间的体验过程蕴含着极其奥妙的心理活动和心理现象，空间行为和空间事件的发生将具象的空间转化成了抽象的心理体验，而这种体验所能触碰到的情感往往是非现实的和非理性的，并且富含色彩和韵味。如果说空间是情感的发生器，那么，情感就是空间的导火索；如果说情感借助空间得以宣泄，那么空间就会借助情感获得升华。诚如巴拉干所言：“我相信有情感的建筑，建筑的生命就是它的美，这对于人类是很重要的。对一个问题如果有很多解决办法，其中的那种给使用者传达美和情感的就是建筑。”

位于墨西哥城的一座由哈维尔（Javier Senosiain Aguilar）设计建造的有机住宅极富个性，它主要是在表达一种人与环境之间的和谐关系。空间的整体布局从人的基本需求出发：一间可以换衣的卧室和浴室，以及一个不太私密的空间以供社交生活。整个建筑引发了一个对地形的拓扑研习，特别出于对树的考虑，要让它们在建筑建成以后也能得到保留。所有这些因素几乎不可避免地导致了一个有着类似胚胎外形的柔软的建筑空间的生成，并以一种最朴素的方式孕育着生命和情感（图3-1-8）。

建筑空间只有培育起强烈的向心性，才能孕育出生命和情感，只有孕育出生命和情感，才能关照到个体的知觉和经验，这样的空间才是活跃和有机的。与此同时，人们情感的表达与空间环境的意义也就得到了统一，人类的历史和文明也会得到延续。解构主义急先锋的蓝天组㊀的创始人之一，沃尔夫·德·普瑞克斯（Wolf D. Prix）曾说过：“建筑应该点燃情感，如果你进入某个空间，一个房间或者一幢建筑，你的情绪应该受到冲击，否则就太乏味了，冷冰冰的。我们认为建筑必须是非常激动人心的东西，应该能满足人们的情感需要。这就是激情，建筑师必须具有像火一样的创作激情和冲动，才能感染建筑，激荡人心。”当然，由强烈的向心性所孕育的情感空间并不属于个体，而是以种群共有的情感为依托，以大众的共同参与和共享为基础，兑现着人人享用空间的平等（图3-1-9）。

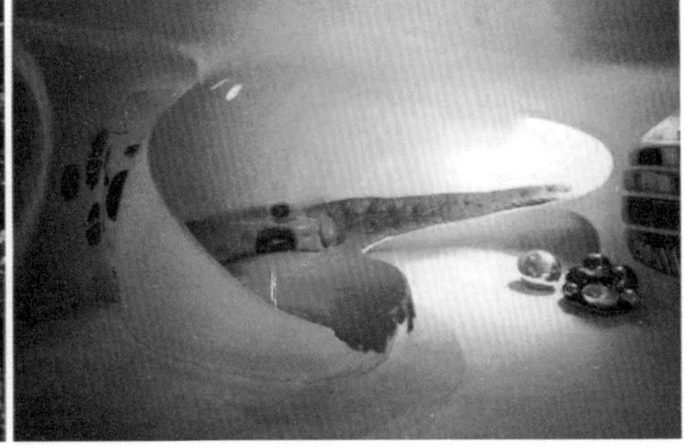

图3-1-8　哈维尔设计建造的有机住宅外观及内部空间

㊀ 蓝天组（Coop Himmelblau），1968年由沃尔夫·德·普瑞克斯、海默特·斯维茨斯基等在奥地利维也纳设立。在现代建筑领域，蓝天组可谓解构主义急先锋。代表性的作品有德国宝马汽车公司客户接待中心和屋顶律师事务所等。

图3-1-9　大连国际会议中心内部空间

德国建筑师汉斯·夏隆（Hans Scharoun）一生设计过很多类型的建筑，他不仅成功地诠释了他的老师雨果·哈林（Hugo Haring）的有机功能主义观念，还在大量的实践中，对自然用地、功能需求以及更加深远的社会意义都做过大量、细致的研究，他在表现有机自然的建筑形式的同时，还营造出了与众不同的空间体验，其中最具代表性的建筑当属柏林音乐厅。全新的舞台设计将表演者置于大厅中央，四周则是自由伸展的不对称的观众席，由于观众厅采用台地式布置，使得一般大观众厅中常有的大尺度感被化解，从而营造出一种亲切、随和、轻松和温馨的气氛。在这里，空间的向心性并没有被减弱，但它却消解了传统而又呆板的观演空间格局所带来的压抑感和闭塞感，这样的空间既激越了演奏者的情绪，又关照了观众的内在情感。奥地利著名指挥家、键盘乐器演奏家赫伯特·冯·卡拉扬（Herbert von Karajan）经常在此演出并对其赞颂不已（图3-1-10）。

图3-1-10　柏林音乐厅外观及内部空间

用身体的语言陈述空间

在空间运动有机体系中，富有情感归属的有机空间关照了生命，而这样的空间却只有人类的知觉才能体验，身体的语言才能陈述。所谓的身体语言，是指非言语性的身体表达，包括目光与面部表情、身体运动与触摸、身体姿势与外表、身体之间的空间距离等。通常，身体语言在人们的日常生活中无处不在，它丰富而又微妙，是人们心理语言的显露和情感的外化，犹如一个可以被随机阅读的信息界面。虽然在众多场所或空间中，身体所处的位置与身体之间的距离是无序的，但这并不妨碍身体的语言在人际交往、传情达意等方面所发挥的作用。古希腊哲学家苏格拉底就曾说过："高贵和尊严、自卑和好强、精明和机敏、傲慢和粗俗，都能从静止或者运动的面部表情和身体姿势上反映出来。"

人类伊始，人们对于外部世界的认识主要源自于自身对空间的理解，并以身体和经验作为衡量世界的标准。迄今为止，最早的人体比例标准是在埃及古城孟斐斯（Memphis）的金字塔的一个墓穴中发现的，自那时起，科学家和艺术家就开始了对于人体尺度与比例的研究和实践。希腊神庙的高超之处就在于对人体尺度的绝妙应用，希腊神庙中各个组成部分之间的表达性与被理想化的完美原型之间有着异曲同工之妙。而在古罗马的建筑中，也同样显现出一种人格化的单纯秩序。在维特鲁威㊀看来，人体大致接近几何学的理想，"在某种程度上人体可以呈现出一个圆形图式"。到了文艺复兴时期，列奥纳多·达·芬奇将美的生物学基础（形体和比例）和几何学知识（方形和圆形）联系起来，绘制出了完美的《维特鲁威人》（图3-1-11）。

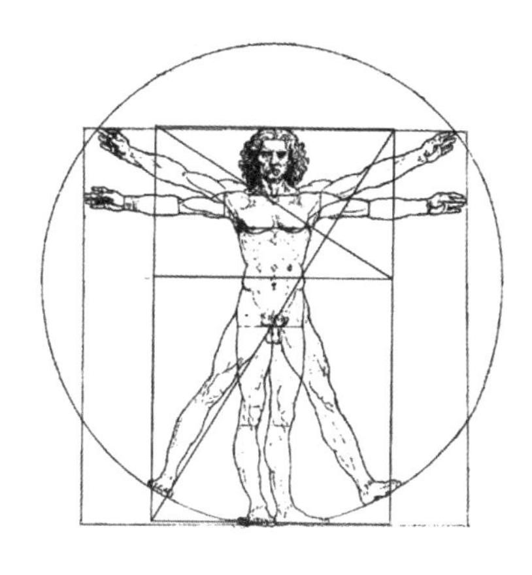

图3-1-11　列奥纳多·达·芬奇绘制的维特鲁威人体比例

㊀ 马尔库斯·维特鲁威·波利奥（Marcus Vitruvius Pollio），古罗马御用工程师、建筑师。他在总结了当时的建筑经验后写成关于建筑和工程的论著《建筑十书》。

柯布西耶提出的“模度”概念是西方关于几何与比例的传统美学思想的延续，这种几何与比例并不只是对抽象数学和几何图形的表达，还常常与人体发生直接联系。随着人们自由与分离意识的加强，特别是到了后现代主义和解构主义以后，模度作为传统建筑中比例系统的美学基础地位受到了动摇。伴随信息技术和非线性理论的加入，建筑空间的有机特性被放大，新的有机建筑观逐渐形成，身体的语言对空间的陈述也更加“贴切”和“生动”。

在空间运动有机体系中，没有让功能或其他功利性目的，以先入为主的身份进入空间，而是强调空间本身的不确定性，是从空间对行为和事件的自在适应性出发的，在建筑和城市空间的搭建之处，预设各种行为和事件的可能性。这样一来，人们便有可能跨过“空间定义空间”的阶段，进而建立起“身体定义空间”的观念。“身体定义空间”超越了功能性限定，也不再单纯地以身体的尺度构筑和划分空间，而是在空间行为和空间事件发生的时候，突出主体身体的体验、感知和反馈，空间的物质性被放低，空间的精神性与心灵的共通性被提升。也可以说，经由 “空间陈述空间”到“身体陈述空间”，创造性思想在空间中得以留存的同时，身体与空间也建立起了深度关联，包括温度、色泽、情绪、信息、密度、格式化等诸多方面，而空间也成就了人类的身体与意识的延伸。

另外，在空间运动有机体系中，拒绝将“有机”视为呐喊的口号，而是要通过行动和配合，让空间回归到对失落、失散和失宠的人性的关注和关怀上来，让内心的挣扎不再成为坠落的借口，“斯是陋室，惟吾德馨”。从身体到情感，再到人性，有机空间指向了一切自然的美好，通过“身体陈述空间”是有机空间的鲜明特征。从信仰陈述空间，到物质陈述空间，到空间陈述空间，再到身体陈述空间，试问：身体陈述空间，何陋之有？

第二节 | 知觉下的空间运动

我们知道一种运动和一种变化，但没有意识到客观位置，就像我们知道在远处的一个物体及其真正的大小，但不能作出解释，就像我们每时每刻知道一个事件在我们的过去深度中的位置，但不能明确地回忆出来。运动是一种熟悉环境的变化，并又一次把我们引向我们的中心问题：作为一切意识活动的基础的这个环境是如何构成的。

——莫里斯·梅洛-庞蒂《知觉现象学》

知觉感知的动力与空间体验

在日常生活中，人们所熟悉的空间并非各向同性，而是含混与交织的，充满着随机与不确定性。诚如米希尔·埃利亚德（Mircea Eliade）所说："人类从未在由科学家和物理学家们所设想出来的各向同性的那种空间生活过，即未在各个方向的特征都相同的空间生活过。人类在其中生活的空间是有取向性的，因而也是各向异性的，因为每一维和每一方向都有其特殊的价值。"㊀因此，当人们面对各向异性的空间，并试图贴近和洞悉其真相的时候，仅仅借助技术理性的手段是不够的，还需要人类自身知觉体验的加入，因为只有人类的身体和意识才能够真正重构和重塑空间。

知觉体验是人类了解世界的原初动力和根本方式，是人类经由周围事物所作出的意识反应，是一个积极而又综合的过程，是人类感官借以解释和组织有关空间概念的一个富有意义的过程。实际上，生命本身就是连续的空间体验过程，人们总会在不同的功能空间中经历着各种情景的变化，譬如去剧院听歌剧，去餐馆就餐，去极地探险，或是

㊀ 米希尔·埃利亚德. 神秘主义、巫术与文化风尚[M]. 宋立道，鲁奇，译. 北京：光明日报出版社，1990:38.

在病房接受催眠等等。可以说，身体对于空间的体验超出了惯常的认知概念，而成为一种融入社会活动的方式，这种方式连续且符合生命特征，呈现为一种不可分割的整体性（图3-2-1）。

在心理学中，知觉的定义是指人或人脑对于客观事物的整体反应。但在梅洛-庞蒂（Maurece Merleau-Ponty）的哲学中，“知觉”显然被赋予了更加宽泛的含义，在他看来，知觉即是一切认识活动的开始，是其他认识活动的基础，更是人类对世间诸物的体验生成（包括对人类自身）。他在《知觉现象学》一书中指出：“知觉首先不是在作为人们可以用因果关系范畴（比如说）来解释的世界中的一个事件，而是作为每时每刻世界的一种再创造和一种再构成。”㊀。

人们对于日常性空间和场所的知觉体验可以是直接的、共通的和开放的，也可以是间接的、个体的和私密的，譬如城市广场、中心公园和候车大厅等空间往往注重普遍性体验，而居屋、茶室和会所等空间则更加强调个体性感受，正是这些不同的知觉体验强化了人们的存在体验和存在于世的全面认知，而身体感知的敏感性也对建筑师理解和表现空间产生着重要影响。概括而言，人们对于建筑空间所形成的感知体验主要包含背景与关系、距离与尺度、事件与运动、色彩与明暗，以及特征与意义等五个方面的内容。其中，背景与关系对人们的感知体验影响最大，这主要是因为不同的背景与关系对应着

图3-2-1　剧院空间的知觉体验

㊀ 莫里斯·梅洛-庞蒂.知觉现象学[M].姜志辉，译.北京：商务印书馆，2001:266.

差异明显的知觉空间。即使我们可以理解巴黎人民对于卢浮宫改扩建工程选用贝聿铭的金字塔方案所表现出的担忧，却也很难想象华盛顿美术馆东馆如果沿用北京的灰墙琉璃瓦大屋顶建筑样式将会引发怎样的轰动（图3-2-2）。

本书所强调的空间体验也涉及建筑现象学层面。体验的方式是人们向自身面对的真实世界开放，通过身体去感知，并深刻反省自身。就像梅洛-庞蒂所说："被感知的景象不属于纯粹的存在。我所看到的被感知景象不是我个人经历的一个因素，因为感觉是一种重新生成，它必须以在我身上的一种预先构成的沉淀为前提，作为有感觉能力的主体，我充满了我首先对之感到惊讶的自然能力。"㊀然而，自启蒙运动以来的建筑领域，越来越强调空间的理性和概念化，这无疑加速了建筑的实在感、具体化与可感知性的衰退。所以，对于人们的知觉体验的分析和研究必不可少，不管是视觉的、听觉的、触觉的，还是嗅觉的部分都是同样重要，它们都是人们获得全面、真实且富有情感的空间体验所不可或缺的组成。彼得·卒姆托的作品形体简练，注重空间感知，拥有东方传

图3-2-2　卢浮宫前的玻璃金字塔

㊀ 莫里斯·梅洛-庞蒂.知觉现象学[M].姜志辉，译.北京：商务印书馆，2001:276.

统文化所具有的禅意、宁静、淡薄、含蓄和隽永，在他的建筑空间中，一切都是关于存在、感知和冥思，它超越了日常生活的庸俗。正如卒姆托自己说的那样："我们通过我们敏锐的情感来体验氛围——这种体验形式起作用时，快的难以置信，而这显然正是我们人类需要的生存之道。"㊀

空间暗示与潜意识导向

人类的知觉具有潜在感知的动力，所以人们可以在空间的知觉体验中获取信息和心理暗示。在《心理学大辞典》中对"心理暗示"的解释是："用含蓄、间接的方式，对别人的心理和行为产生影响。暗示作用往往会使别人不自觉地按照一定的方式行动，或者不加批判地接受一定的意见或信息。"心理暗示是人们日常生活中最为常见的心理现象。接受暗示也是人类的一种基本心理特征，它是人类在漫长的进化过程中所形成的一种无意识的自我保护和学习能力。就像心理学家巴甫洛夫所说："暗示是人类最简单、最典型的条件反射。"

相对于静态的空间观念，空间暗示对于空间事件具有更加全面和深刻的影响。空间事件时刻都在发生，它们往往是非直观的，相对于眼睛所见，人们的潜意识会更加真实和自我。空间暗示与潜意识具有某种对应关系，其中，空间暗示是信息传达的过程，伴随着能量的传递，而潜意识则能够在空间中捕获这些信息和能量，所以说，人们从空间暗示中所获得的体验是以潜意识的导向性为前提的。

很长时间以来，人们都接受物质世界的客观性，认为物质世界是有形和已然的存在，并且这些存在无需人类的介入和选择。然而从量子力学的角度来看，这些有形和已然的存在，都只不过是人类的知觉所能察觉的范围内的物质振动。在空间中，人们所能触及到的物体，像桌子、椅子、电脑、传真机、投影仪等等，都不是定义本身，而是可能的意识运动。人们随时都在这些局部的意识运动之外，以空间暗示为导向进行识别和选择，并把自身意识中的现实体验表现出来。

由伯纳德·屈米设计的巴黎拉·维莱特公园，在建成伊始便备受世人关注。实际上，对于这一作品的认识不应该仅仅停留在空间布局和功能要素的处置等表象问题上面，也不必过于计较作品本身的风格争论，而是要剖析和洞察作品本身所蕴含的本质性内

㊀ 彼得·卒姆托.建筑氛围[M].张宇，译.北京：中国建筑工业出版社，2010:13.

容。在设计中，屈米将传统结构分解为一系列的要素，并进行重新组合，他组合的方式完全颠覆了传统的均衡与稳定，转而强调因地制宜和随机性，敷设空间暗示以关联意识运动，同时搅动场地的生命活力。当然，这完全吻合屈米的批判性思想，因为他的设计突出自身意识中的现实体验，而不是一味地强调传统的结构构成和美学特征。可以说，这一设计就是一个“情景构造物”，它突破了传统城市中园林绿化的意识局限，而成为一个强调文化的多元性、功能的复合性和大众的参与性的综合意识产物。另外，在设计中，屈米抛弃了中心等级、和谐秩序等传统构图方式，通过对“点”“线”“面”三个不同系统的叠加，来积极有效地契合复杂的用地情况，使得空间布局、情景构成更具伸缩性和可塑性（图3-2-3）。

空间暗示对于人们潜意识的导向具有多重影响，概括而言，主要体现在三个方面：

其一，空间暗示不依赖逻辑推理和理论论证，而是依靠信息和能量的对外发散，空间行为和空间事件的发生是其集散点，意识运动是其接收装置。

其二，空间暗示本身对外界不产生压迫性，它所传递的信息和能量不会使人们产生心理抗拒，所以它所产生的效果通常比静态的陈述更为有效。就像彼得·卒姆托在《建筑氛围》一书中所说：“对我们来说，最最重要的是引发一种自由移动的感觉，一个漫步的环境，一种心境——更多的是诱导人们，而不是把人们指来引去。”㊀

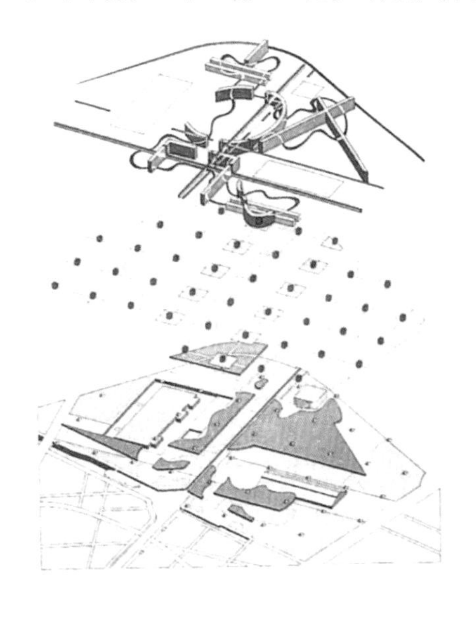

图3-2-3　拉·维莱特公园设计中的点、线、面的系统叠加

㊀ 彼得·卒姆托. 建筑氛围[M]. 张宇，译.北京：中国建筑工业出版社，2010:41.

其三，由于空间暗示不会明确地指明涵义，并伴随着混沌的特性，当人们从空间事件和空间行为的发生中去识别和捕获信息和能量的时候，势必会在某种程度上产生超出意识之外的含糊性。另外，由于空间暗示的人格基础比较脆弱，而暗示作用的理论基础又建立在虚假的幻想之上，所以，空间的暗示作用总要面临失效的危险。

OMA建筑师事务所的首席设计师雷姆·库哈斯（Rem Koolhaas）的建筑生涯正始于那个关注革命和意识形态的年代，所以他致力于通过自身工作的领域来对意识形态和其他社会因素给予回应，建筑被降格至一件玩物的位置上，而成为日常性历史和记忆幻影的装饰载体。库哈斯对其内部展示的“空”表现出极大的热情，他认为建筑和城市内的“空”并非真空，那里有一切的可能性，而这些可能性足以调动人们的激情去幻想虚无。其实，这些可能性都是源自空间暗示所释放出的信息和能量，它们颠覆了人们对传统空间的认识和理解，它们也让世人对这种充满不确定性的幻想和虚无充满了疑惑和恐惧（图3-2-4）。

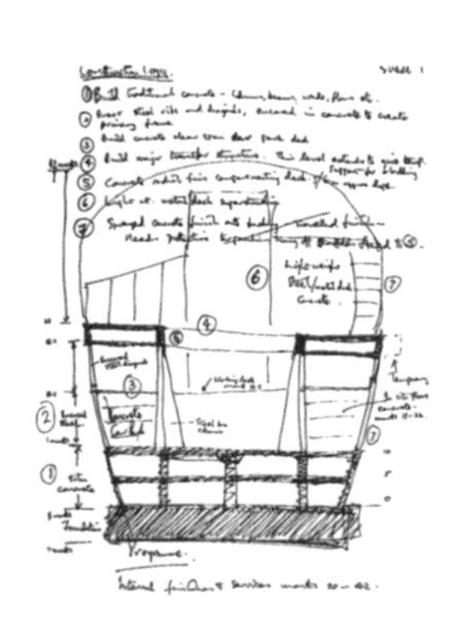

图3-2-4　雷姆·库哈斯构想设计的利布吉海运站

意识等级与空间层次

一直以来，人们对于空间概念的理解都存在太多理所当然的假定，这些假定可能是合乎情理的，也可能是荒诞不经的，但是它们大多是经不起检验的，因为它们通常都来自历史和经验，而历史和经验本身就不可靠，它们总如清规戒律一般束缚着人们的意识创造，削弱着人们进一步探寻的动力。实际上，空间本身广袤无边，处处充满着神奇，而生命的真正乐趣也不在于已知，而在于未知。弗拉明戈舞是西班牙最具代表性的文化和意识产物，它延续着那些占人口极少数的民族在面对极端的生活困境时的创造性，是最深层次情感的载体，代表着一种隐秘、慷慨、狂热、粗狂、坦荡、豪放、大胆、猛烈、任性、沉郁和不受拘束的生活方式。它原本作为一种即兴舞蹈，没有固定的动作，依靠的是舞者、演唱者、伴奏者和观众之间的一种情绪互动和心灵沟通。显然，在变幻莫测的舞式中，舞者的神态是自信的、骄傲的，激荡着霸气，以其纯真的性格来表述心迹，而弗拉明戈舞超越了舞蹈本身的意义，幻化为一种精神，一种深沉和内敛，一种爆发（图3-2-5）。

当然，被感知的世界与真实的世界之间往往存在着很大的差距，就像心理学家爱德华·霍尔（Edward T.Hall）所认为的那样，人们有关自身世界的图像总是不全面的，它只是对原物的一种近似。另外，由于人类的智力发育、成长环境和文化程度的不同，对于世界的感知和阅读也就存在差异，这直接导致了意识等级和空间层次的产生，而空间层次的划分恰恰符合意识运动的机制。

事物的深度与人们的认识程度密切关联，如果人们试图认识、理解和把握事物，就必须有能力将这种深度转化为自身的意识。真正的深度不在于它的历史的时限性，不在于它的内容的隐秘性，不在于它的表现形式的新奇性，而在于它对内在性力量的把控。人们需要在建筑和城市空间之外考虑更多可能性，位于不同意识等级和空间层次下的可能性。人们不仅需要理解空间中的距离，更需要体验意识中的深度，经由知觉体验，自我的空间意识会进一步被重构和加强，对于空间深度的理解也会在自我不断的配置中得以完善。

卒姆托曾在题为“生活的建筑”的演讲中说：“每个建筑项目都可以被理解成一

图3-2-5　弗拉明戈舞剧——《卡门》

个足尺的拼贴模型，它展示了一系列具体可感的物质品质及其组成序列，其中融合了多种感官的共同作用。它存在于我们的想象之中，它允许我们经历创造这种氛围的感觉上和实质上的品质因素，同时有效地躲避了流于形式的隐喻或象征的意味。”㊀在他设计的瓦尔斯温泉浴场中，常规的门窗概念被排除了，而被请求作为一种仪式性的场所来理解，在其空间组织中，萦绕着一种浓烈的宗教氛围。途经古朴的旅馆底层，穿过昏暗的甬道，进入静谧的狭长走廊，拨弄着自顶板缝隙倾泻而下的自然光线，聆听着喷管中流淌的泉水。所有这些都让人们感受了一种自然而又神秘的气氛，这种氛围犹如琴弦一般撩动着人们内在的意识反应，这里的空间显然也被划定了不同的层次（图3-2-6）。

图3-2-6　瓦尔斯温泉浴场局部及内部空间

“空间运动”的定义

随着人们意识等级的延伸和对空间层次划分的深入，在传统观念中处于相对“静态”的建筑和城市空间，也开始在人们的分析和研究中被植入“动态”概念，这主要是因为“动态”可以作为一种隐喻，或者某种意义的传达。当前理论界将20世纪后半叶以来建筑师所追求的动态形式和空间的建筑称为“动态建筑”，这是对建筑的类别划分，但它并不能如实地反映出发生在空间中的全部。相对于“静态”的建筑和城市空间，基于“空间运动”的理解会更加契合。

所谓“空间运动”实指空间运动现象，它是一种现象空间的提炼，指向一种内在意识与多义空间的关联和互动，基于空间行为和空间事件的发生，以及人们对于空间的体验和感知。在建筑和城市空间中，很多现象是出于空间本质的流露，带有原生性，另外

㊀《大师》编辑部. 彼得·卒姆托[M]. 武汉：华中科技大学出版社，2007:18-19.

还有一些现象则是基于人们的创造。对原生性空间现象的研究是人们识别空间真相的重要手段，而创造性现象则在理论的发展中扮演着极其重要的角色。就像比尔·希利尔在《空间是机器》一书中写道的："理论性的讨论可以不受距离的影响而存在；但现象的创造在远距离上却很难被人们分享的。这是因为讨论理论的时候，人们可以都不在场，而且彼此之间长时间可以没有联系，而创造现象的时候，人们必须都在场面对现象，而且彼此之间需要频繁联系。看上去，现象创造比理论更具有空间性。"㊀

"空间运动"是建立在时间轴线上的四维空间概念，是研究建筑和城市空间与日常生活建立融洽关系的合理途径。它完全区别于人们长期以来，将空间独立划分进行研究的手段。"空间运动"与空间有机体相对应，因为有机体是有生命的，具有活态特征，所以"空间运动"所反映出来的空间信息同样饱含生命特性。它与空间有机体等概念同属空间运动有机体系中的内容。

"空间运动"也是对"静态"概念的一种颠覆，建筑空间中的"空间运动"与"静态空间"概念存在根本的不同。静态空间在建筑建成的同时既已生成，而"空间运动"则是在运动中生成，确切地说，是在人的身体和意识的运动中生成；静态空间可以随时、直接地切入和调用，而"空间运动"则是处于不确定的变化或碰撞的过程中，充满了随机和偶然性；静态空间不一定是连续和流动的，而"空间运动"却是异质和连续的，伴随着令人眩晕和难以理解的情绪。

另外，"空间运动"的意义也并不是"动态空间"概念所能涵盖的，因为它们之间存在本质上的差别。"动态空间"可以理解为通过鲜明的动态语言组织空间形态，主要是指一种空间形态的陈述，而"空间运动"既可能是动态的形式、动态的空间、虚拟的动态，也可能是动态意象和行为。它不是一种定义，而是一种描述，是一种情绪的涌动，是超越"静态"与"动态"的一种模糊概念。比如静谧、暧昧、模糊、含混的感受性表达，都可以作为"空间运动"中的描述性词语。人们局限于相信，外部物质世界比内在世界更加真实，其实，现代科学早已证实，人们内在的意识将会导致外部事件的发生。而这一点恰恰就是空间运动有机体系的理论基础，也是空间运动有机理论区别于传统的有机概念的本质所在。

㊀ 比尔·希利尔.空间是机器——建筑组构理论[M].杨滔，张佶，王晓京，译. 北京：中国建筑工业出版社，2008:172.

弗兰克·盖里的建筑极具超前意识，且充满了大胆的质疑与反叛精神，就像在毕尔巴鄂古根海姆艺术博物馆、理查德 B. 弗希尔表演艺术中心等建筑中所表现的那样，人们在这些建筑的空间与形态中能感受到一种前所未有的爆炸感，一种突破理性的“自我表现”。然而，相对于盖里建筑空间中夸张而又直接的表现，伊东丰雄、妹岛和世与西泽立卫等人的建筑空间则显得轻盈而又含蓄，但这并不代表伊东丰雄、妹岛和世与西泽立卫等人的建筑空间就是静态的，他们的作品同样具有对时代精神，且与当下信息化社会的呼应，只是以一种更加随和与温婉的方式进行。譬如伊东丰雄设计的八代市立博物馆（图3-2-7），以及妹岛和世与西泽立卫设计的位于瑞士洛桑的劳力士学习中心等建筑（图3-2-8）。

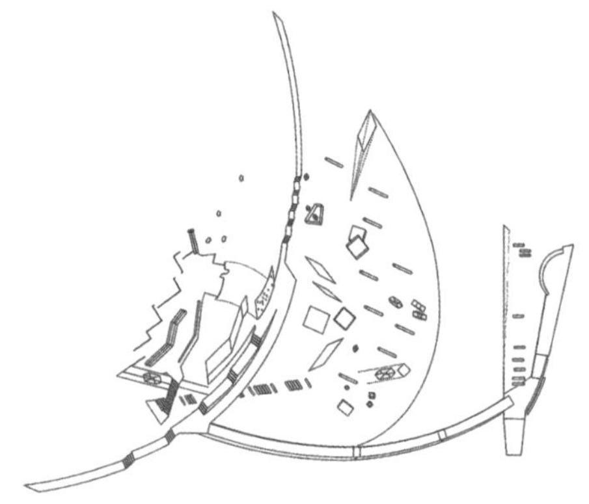

图3-2-7 日本八代市立博物馆概念及内部空间

图3-2-8 瑞士洛桑的劳力士学习中心外观及内部空间

“空间运动”的构成要素及特性

知觉体验是人与空间的明确链接，是“空间运动”的意识背景，是时间线索的凝结，它促使“空间运动”更加自由地向过去和未来延展，所以，“空间运动”的确认有助于建立清晰、可靠的空间知觉。在空间运动有机体系中，对于空间运动现象的认识主要从空间链、时间性、四维空间、空间意象、空间图式、空间组织、空间结构、关系场、空间约束力和模糊界面10个方面出发。其中，“空间链”作为“空间运动”的引导性概念，在建筑空间中，或隐或现，或明或暗，具有对空间和情感双重的“穿透性”影响，它对于建筑和城市空间的解读是行之有效的方式或路径，是主观意识所生成的复合神器。

空间作为抽象的存在，不具有先验的规定，也不可能通过实践操作获得定义，但是，它却可以通过与其相关联的外部事物加以映衬。如果将外在的事物或事件比作一扇扇通向外部世界的窗户，那么随着窗户的打开，人们的身体和意识就可以无限地接近，体验和感知空间，进而领悟到空间通达人性的真谛，而“空间运动”就是开启这些窗户的动力。概括而言，“空间运动”的表现主要有如下四大特性：

其一，空间运动的可变性，主要指是一种交互、动态、可变和偶发的特性。人们可以借助“空间链”模型的建立，对空间的可变性进行深入的研究，而在具体的操作中，人们也可以通过空间的连续过渡、变形、叠加去完成尺度上的转换和功能上的安置。这种可变性在弗兰克·盖里和扎哈·哈迪德的作品中都获得了最大程度的演绎（图3-2-9）。

其二，空间运动的方向性，是加强空间运动的一种指向，它不单单是空间性的，也同样是时间性的。例如，在纽约古根海姆博物馆项目的设计中，赖特构想了一个螺旋体，使其向城市空间敞开，它既是知觉下的一种动力关系，又是在空间中不断转化的层级体系。展览活动围绕这个椭圆形的空间展开，所有丰富的时空变化和细腻处理都获得了动态性的体现，人们在空间的运动中也不断地被展示的新目标所吸引（图3-2-10）。

图3-2-9 扎哈·哈迪德设计的超级名模住宅外观及内部空间

图3-2-10　赖特设计的纽约古根海姆博物馆外观及内部空间

其三，空间运动的秩序性，是一种不稳定的平衡，一种打破了有机体生命节奏的平衡，是暂时性和过程性的，主要体现在动态结构模式下所蕴含的秩序性。这种秩序性往往能够更加直接和自由地反映出人们主观意识中的情感旋律。它就像莫扎特的《土耳其进行曲》、肖邦的《小夜曲》和马克西姆的《克罗地亚狂想曲》中那些自由流淌的音符，有节奏地挑动着人们的心弦，带给人们美妙的感受。

其四，空间运动的体验性，就是通过搭建模型对建筑空间进行体验和感知，通过分析空间、时间、运动、知觉、光影和身体等经验要素来思考建筑，认知知觉与行为中的身体和意识，这种身体和意识的体验，或愉悦，或恐惧，或兴奋，或压抑，或温暖，或冰冷。在梅洛-庞蒂的哲学中，身体体验始终都被置于一个独特的地位，在他看来，身体对于感知周围环境的过程起到了十分重要的作用，对于具体讨论人对环境进行感知的生理和心理机制产生着深远影响。

第三节 | 引导性概念——“空间链”

具有很强神秘感的场景都具有连续的特点；在已经看到的和将要看到的景色之间存在着某种联系。而实际上就是对新的内容的暗示，新内容的特征可以通过已经看到的部分透露出来。这样不仅限制了标新立异的东西的出现，而且会有一种受控制的感觉，可以感觉到新出现的东西不会让观看者感到意外。

——格朗特·希尔德布兰德《建筑愉悦的起源》

“空间链”的基本定义与特性

在日常生活和社会活动中，食物链、信息链、产业链和数据链等概念较为常见。其中，食物链与人类的存续息息相关，它主要是指生态系统内，贮存于有机物中的化学能在生态系统中层层传导的过程，或者说，各种生物之间由于食物而形成的一种联系；而信息链则主要是以信息为中心环节，描述信息运动的一种逻辑构造，它使得包括资料、数据、技术、消息、信誉和形象等在内的资源，转变成为重要的生产要素和无形资产，在社会和经济发展中发挥着重要作用，为实现供需双方的有效对接搭建了平台。随着信息化对社会结构的深刻影响，信息链资源已成为了当今经济社会发展中的核心资源。

食物链和信息链等概念对于建筑和城市空间适应人类的行为需要，也产生了积极的借鉴意义。人们所面对的不再是一个结构稳固、关系明确的静态空间，而是一个充满了变化、随机和偶然性的动态系统。考虑到人们的心理和精神诉求，结合建筑行为学与格式塔心理学所形成的空间认知，同时作为对传统意义上根深蒂固的设计观念的颠覆，笔者提出了“空间链”这一修正性和补充性概念。与食物链对应食物层级、信息链对应信息传递相类似，“空间链”对应着空间的秩序。“空间链”是空间运动有机体系中的匹配性概念，它主要是指空间行为和空间事件在有机体系中的层层过渡，空间行为在一系列场所中或偶然或必然性的发生，且呈现出非线性连续。与此同时，空间、运动和事件被紧密地串联在一起，经由意识而形成序列，就像隐形的链条，环环相扣，层层叠加。简言之，“空间链”就是指在有机系统内，空间、运动和事件经由意识而形成的一种关联（图3-3-1）。

在空间运动有机体系中，“空间链”作为基本单元的超文本链接，是有机系统可持续发展的中枢。合理而有效的链接，既可以引导着空间、运动和事件的发生，又可以减少物质与能量的消耗，放大物质与能量的作用。另外，“空间链”是实现空间内外自我组织的根本保证，也是人们系统识别有机空间，体验和感知空间运动现象的重要途径。如果人们的知觉对某种空间现象中的空间图式、空间结构和空间关系场失去体验，人们的身心就会产生一种无所适从的游离感，那么，可以肯定这样的空间现象必然不是有机的。

在空间运动有机体系中，“空间链”是空间运动多样性的统一，是动态的、可变的认知与识别体系，就其在有机空间中的存在状态而言，主要表现出完整性、指向性、层次性、动态性、和超链接性等特性。“空间链”在有机空间中的分布呈现出明显的指向性，譬如从外太空眺望地球开始，一直延伸到人们触手可及的基本空间单位，需要经

图3-3-1　柏林火车站站台空间

历“地球——国家——城市——街区——街道——建筑——单元——单位”等一系列可度量与不可度量的范围递变；而“空间链”作为一种意识产物，必然具有意识运动的特性和意识等级所对应的层次性，如果在意识等级中对“空间链”进行划分，则主要包括“广义空间链”和“狭义空间链”两个层次（图3-3-2）。

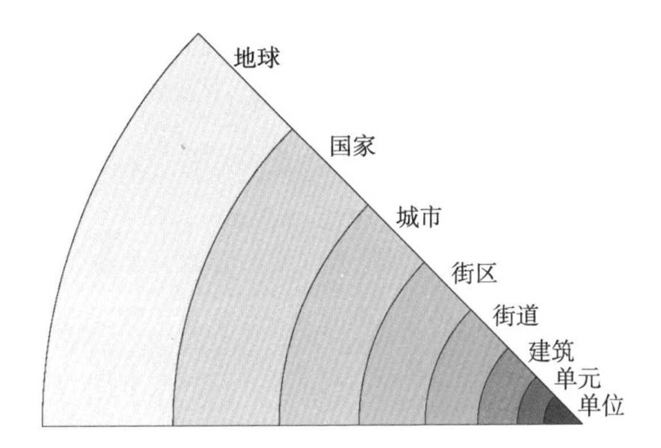

图3-3-2　可度量与不可度量的空间范畴

另外，“空间链”在有机空间中又显示出强势的超链接性，“空间链”之于建筑和城市空间，就像经脉之于人体，在有机系统中，它既搭建起了空间构成要素之间的联动机制，也建立起了空间行为和空间事件的对接关系。就像伊东丰雄所认识的那样，建筑的身份从终点站变成了中转站，在那里，运动起着关键作用，即“建筑作为行为之网的一个交叉点，异质空间在其中彼此叠置和融合”。显然，这样的行为之网是相互关联、和谐有序的，它与空间运动有机体系中的“空间链”的超链接存在共通性，在“空间链”超链接的每一个交叉点上所发生的事件同样都是有机整体的部分，有其独立存续的价值和意义，同时又与其他部分一起共同支撑起整个有机系统（图3-3-3）。

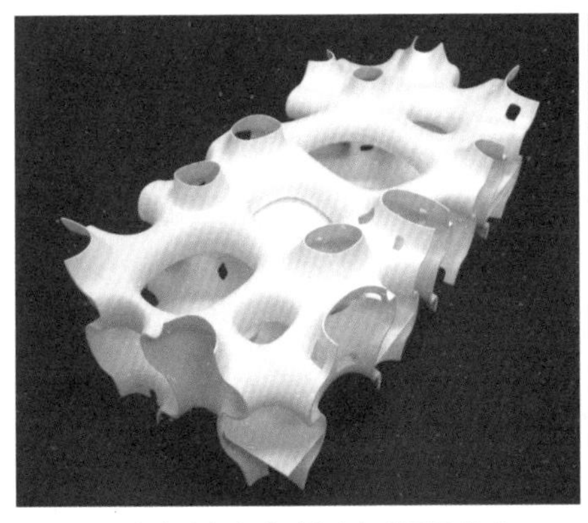

图3-3-3　台中大都会歌剧院空间模型及外观

“空间链”的超链接概念及样式

超链接（hyperlink）是计算机网络中的常用词语，主要是指从一个网页指向目标文件的连接关系。在这里，超链接被引入到空间运动有机体系中，作为与“空间链”概念相对应的空间表达，是一种允许人们同其他空间事件之间进行链接的媒介或工具。但是，它又不同于普通的连接或关联手段，主要特指空间中一些模糊、随机和不确定的事件与动态过程的有机链接。当空间、运动和事件经由意识被链接成为一个完整的空间运动现象之后，超链接既可以让人们从意识出发去对接一个事件、一种行为，也可以去对接一种体验、一种感受，或者一种文化、一种风格。

超链接区别于“空间链”存在状态中所表现出的完整性、指向性、层次性和动态性等特性，它主要是通过对超越性与可理解性的释放，在人们的意识中形成易于解读的全息影像，来建立起与空间运动现象之间简练而又高效的链接。按照链接路径的不同，超链接主要表现为三种样式：外向链接、内向链接和锚点链接。

外向链接，主要是指不同时空层面上的空间行为和空间事件的链接关系。在有机空间中，并不存在唯一的行为和事件，而行为和事件又必然与处于不同时空层面上的意识相关联，表现出发散性的空间意识拓展。这种兼具发散性和关联性的空间意识拓展，充分体现了“空间链”对于空间运动现象的外在引导性。日本现代建筑大师槙文彦，秉持着对场地环境的尊重，采用了散文式的构造方式，来赋予建筑空间多层次的内涵，体现着时间与空间的联系，展现着空间中所蕴涵的多重趣味性。槙文彦倾向于一种既存在又游离的建筑学思想，在他的设计中，经常会通过日本传统意识与现代原材料的非物质性结合来表现大尺度、多层次的空间性。1965年，槙文彦以《城市中的运动体系》为名发表了对于波士顿设计一个新的城市结构的可能性研究。《槙文彦的建筑——空间·城市·秩序和建造》一书对此评价说：“槙文彦的波士顿设计的主要意图是一个建立在网络连接而不是固定的平面基础上的松散的组织：它的灵活性和视觉上缺乏明确的秩序和控制的特点是非常日本化的。”[1]显然，槙文彦的设计验证了跨越时空界限的空间理想表达，实现的是具有可信度的外向意识链接。

内向链接，主要是指促成空间运动现象发生的内部相关要素之间的对接关系。它

---

[1] 詹妮弗·泰勒. 槙文彦的建筑——空间·城市·秩序和建造[M].马琴，译.北京：中国建筑工业出版社，2007:42.

的存在能够优化内在系统，增强内在系统的自循环性，强化空间的可体验性与可识别性。内部的相关要素主要有环境、时间、光影、材料和情节等。作为提契诺学派的主要代表，马里奥·博塔（Mario Botta）的设计从内到外都尽善尽美地恪守着建筑空间本身所应具有的使命。他的设计继承了历史风格中相应的色彩、质感、材料以及结构等方面的构思，并使相关构成要素在空间中显现出内在的关联。清华大学人文社科图书馆是博塔在中国设计并建造完成的第一件作品，该建筑既延续了他一贯的设计手法，又契合了清华校园的自然与人文环境的氛围，在温婉的整体中透露着大气。而对于内部空间的处理，博塔还是一如既往地强调着空间的开放和光线的自然，使其在沉稳的基调中洋溢着古典的气质（图3-3-4）。

锚点链接，主要是针对空间运动现象中的繁琐问题进行精确对接。就像斯蒂芬·霍尔在《锚》一书所阐释的那些基本哲理一样，面临变化多端的土地、文化、气候以及城乡环境等所形成的挑战，如何能让建筑锚结于场地将是一项全新的任务。与此相关的内容将在下文“狭义空间链与‘锚固’学说”中加以详述。

图3-3-4　清华大学人文社科图书馆外观及内部空间

与生态系统的类比

生态系统（ecosystem）的明确概念是英国生态学家亚瑟·乔治·坦斯利（Arthur George Tansley）于1935年首先提出，主要是指在一定的空间内，由生物群落与无机环境构成的，通过能量流动和物质循环而相互作用的一个统一整体。生态系统最突出的特性主要包括以下六个方面：

1）生态系统是生态学领域的一个主要结构和功能单位，属于生态学研究的最高层次。

2）生态系统各要素之间最本质的联系是通过营养来实现的，食物链和食物网构成了物种间的营养关系。

3）能量流动和物质循环是生态系统的两大主要功能。

4）生态系统中生物的活动离不开信息的作用。

5）生态系统的结构和功能处于相对稳定的状态。

6）生态系统保持着自身稳定的自我调节能力。

生态系统不仅是生态学研究的最高层次，生态系统的平衡也是人类与其他生物得以稳定存续的根本保证，具有其他任何系统都无法比拟的优越性和先进性，它对于与人类生活密切相关的空间运动现象的研究和分析，具有重要的借鉴和指导意义。人类作为大自然生态系统中的一部分，自身的存续与城市、环境和其他诸多方面的因素休戚与共。所以，现在人们务必要正视几千年的文明历程对环境所造成的破坏和伤害，平衡人类自身、人工系统与生态环境之间的关系，以自然生态为原则，建立起人工系统吻合自然生态的动态平衡新秩序。越来越多的建筑师、规划师和生态学家热衷于这方面的研究和实践活动，他们都在试图通过与生态系统的对比，来实现物质和能量在建筑和城市空间中有机地循环和转换，从而使人类获得一种高效、低耗、和谐与平衡的生态环境。

早在1853年，巴黎塞纳区行政长官奥斯曼（G.E.Haussmann）为了执行法国皇帝拿破仑三世的巴黎建设计划，对巴黎市区进行了大规模的改建。在某种程度上，他的计划就是模拟人体的生态系统而进行的规划设计，建设在东郊的维星斯和西郊的布伦两大拥有巨大绿化面积的公园，就像人体系统中的两个肺，而环形绿化带和塞纳河则像是人体的呼吸通道，可以将新鲜的空气源源不断地输送到城市的各个区域。市区内环形和放射形的主干和次要道路网，犹如人体的血管系统，自然顺畅地串联起了整个巴黎的城市交通。1954年在荷兰召开的欧洲“十次小组”（Team 10）的预备会上，英国建筑师史密森提出了一种称之为“簇群城市”的城市形态说，它主要是根据植物生长变化的规律而生成一种城市布局新思想。显然，巴黎的大改造规划与“簇群城市”的城市形态说，都是人工系统基于生态系统类比思考的产物（图3-3-5）。

图3-3-5 巴黎香榭丽舍大道

另外，致力于高层生态设计的建筑师杨经文（Kenneth Yeang），主要从事热带城市中建筑生态的可持续性研究。他将设计关注的重点放在“低能耗设计”方面，在他看来，低能耗设计不是技术的问题，而是生活方式的问题。他指出：“设计系统必须创造一种生物和非生物要素均衡的生态系统，或者是更好的系统，创造与全球或地区自然环境之间的一种再生的甚至修复性的关系，另外还必须考虑建筑系统中其他的传统因素（比如在摩天楼中）：设计任务书、花费、美学、场地等。”㊀从中不难看出，杨经文对城市类型和建筑生态问题的思考是系统而又理性的，东京奈良大厦、新加坡EDITT大厦等都是人工系统类比生态系统的代表性作品（图3-3-6）。

生态“空间链”潜伏于生态系统中，它作为约束性存在，是保证大自然中万事万物和谐共生的基准关系利益链，也是人类在内心设定的一条隐性基准道德线。在建筑和城市环境所代表的人工系统与生态系统建立起类比观念的同时，生态“空间链”的概念也被引入到建筑和城市的环境之中。当然，人工系统自身不可能实现自然生态系统中和谐有序的能量流动和物质循环，自然生态系统的包容性与自我修复能力更是人工系统所望尘莫及的，这是人工系统与自然生态系统的根本性区别。这一区别所造成的结果就是，当能量流动和物质循环中某一环节遭遇超出系统自身修复能力的重大危机的时候，自然生态系统与人工系统将面临截然不同的局面。生态系统会剔除出现变故的层级，并进行

㊀《大师》编辑部.杨经文[M].武汉:华中科技大学出版社，2007:17.

图3-3-6　杨经文设计的EDITT大厦

有机收缩，以建立新的层级分布来重新维持系统的稳定；而在人工系统中，那些出现变故的层级会被容忍。萨林加罗斯曾说："一栋建筑的尺度层级会由于层级中缺失某一建筑尺度而不得不在很大程度上进行折中处理。建筑学和生态学之间的重要区别在于，人类因为受教育可以学会去容忍不一致的结构，而自然不可以。我们破坏的同时也可以建立自然尺度结构，但是生态系统只会无情地淘汰那些不完善单元。"㊀

广义空间链对比有机疏散理论

作为人类数千年以来文明的结晶，城市是由空间中无数的个体、行为和事件构成，它是一个有机的整体，作为一个庞大的人工系统，它维持着人类生活与生命的延续。然而，随着工业技术的进步和人口的急剧增加，城市不得不面对史无前例的膨胀、与生态系统的深度割裂等现实问题。柯布西耶深刻地意识到了城市发展所面临的这些困境，他在《明日之城市》中讲道："近百年来，一股骤然、混乱且规模庞大的入侵力量，无法预料且无法抗拒，对大城市造成突然的袭击；我们深陷其中，造成我们的紊乱与困惑，

㊀ 尼科斯 A. 萨林加罗斯.建筑论语[M].吴秀洁，译.北京：中国建筑工业出版社，2010:73.

我们依然不能有所作为。这种紊乱揭示出，大城市作为一种运动力量的现象，今天已成为一种威胁性灾难，因为它不再能够为几何学的原则所掌控。”㊀

与柯布西耶一样，越来越多的建筑师、学者和组织开始对此产生担忧，并尝试提出各种理论假设来缓解、削弱和控制这些城市问题的蔓延，比如《雅典宪章》、“有机疏散理论”、《马丘比丘宪章》等。其中，1943年，芬兰建筑师埃利尔·沙里宁（Eliel Saarinen）为缓解城市过分集中所产生的弊病，提出了关于城市发展及其布局结构的“有机疏散理论”，这一理论对城市空间的系统研究产生了深远影响。他在《城市：它的发展、衰败和未来》一书中，对有机疏散论进行了系统的阐述。有机疏散理论并不是一个具体的、技术性的指导方案，而是对城市的发展所做出的带有哲理性的思考，是在汲取了先前和同时代的城市规划理论与实践的基础上，针对欧美一些城市发展中遇到的现实问题进行调查，研究和思考之后所形成的系统认识。沙里宁认为卫星城确实是治理大城市问题的一种方法，但并不一定要新建独立于中心城区的卫星城，而是可以通过建立与中心城区有着密切联系的半独立的城镇，进行定向发展来达到同样的目的。沙里宁以树木生长为例指出，大树枝从树干上生长出来时就本能地预留空间，以便较小的分枝和细枝将来能够生长。显然，他理论的核心就是把无序的集中转变为有序的分散。

沙里宁认为，有机疏散的城市结构就是要符合人类聚居的天性，便于人们过着共同的社会生活，感受到城市的脉搏，而又不脱离于自然。城市作为一个有机体，它的内在秩序实际上是与生命有机体的内部秩序相一致的。沙里宁的理论来源就是利用对生物和人体的认识来研究城市，认为城市由许多“细胞”组成，细胞之间存在必然的间隙，有机体通过不断地细胞繁殖而逐步生长。在大城市一边向周围迅速扩散的同时，内部又出现了被称之为“瘤”的贫民窟，而且贫民窟也在不断蔓延，这说明城市是一个不断成长和变化的有机体。沙里宁将交通要道视为动脉和静脉，将街区内道路视为毛细血管，将城市的不同功能区视为有机体的不同器官（图3-3-7）。

健康的细胞组织

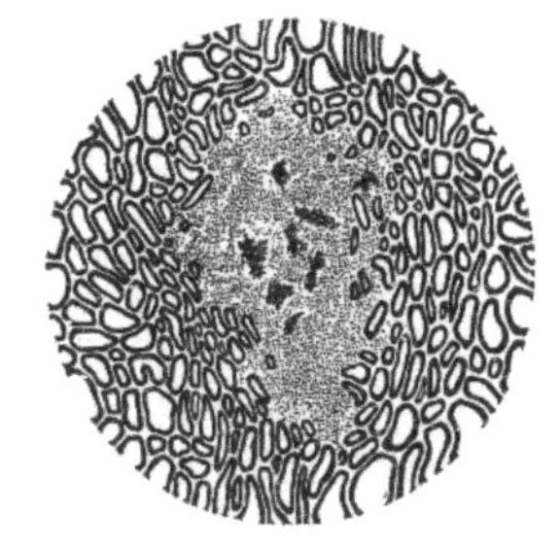

衰亡的细胞组织

图3-3-7 细胞组织的“有机秩序”

㊀ 勒·柯布西耶. 明日之城市[M]. 李浩，译. 北京：中国建筑工业出版社，2009:24.

当然，任何理论都有其自身的局限性，1960年代以后，有许多学者开始对有机疏散理论这种将其他学科的规律套用到城市规划中的简单做法提出了质疑。但是有机疏散理论的意义是它已经将城市作为一个动态的、有机的，并与自然环境产生交互作用的生态过程，这是之前诸多理论所没有明确提及的。这一思想对于空间运动有机体系中的引导性概念“空间链”的延展分析具有重要影响，而“广义空间链”概念也是在此基础上发展成熟。广义空间链指向城市与环境、城市与城市，以及城市内部的运转状况。具体而言，它涉及城市所在的区域、内部组织的关系、交通衔接的状况、全年气候的变化、地域文化的保持、文脉线索的延续，以及人们生活的习惯等多方面内容。可以说，广义空间链对于城市这样一个人工系统的生态化倾向具有全面影响。

对比有机疏散理论，广义空间链肯定城市是一个动态、有机的人工生态系统之外，还产生着能量传递和物质循环，并且伴随着随机与偶然性的发生。空间的意义在于人和建筑的交互关系，以及空间中生活事件的关联程度，其中，领域感、归属感和认同感又发挥了决定性作用。然而，随着城市的发展，广义空间链中的空间分隔变得愈加复杂和无序，分隔界面的组织关系也变得模糊不清，随机性矛盾事件的聚集和发生更是日益凸现（图3-3-8）。

图3-3-8 “广义空间链”下的美国的城市街头景象

狭义空间链与“锚固”学说

建筑作为人工生态系统中一个必不可少的组成部分，一个重要层级，它与自然、环境和生物体等诸多因素都密切相关。斯蒂芬·霍尔将这些相关因素细分为建筑与环境的自然融合，预想的空间，颜色，光影，光的空间性，时间的连续性和可知性，水，声音，细部，均衡、比例和感觉，场地和环境等11个要素。对霍尔而言，假若没有对于建筑的本能体验，没有对于建筑中材料、光、阴影、色彩、尺度和比例的知觉，建筑不能称之为建筑。在他看来，建筑作品的本质就是观念与形态之间的有机联系。

霍尔并不倡导“先入为主”的意识观念，而是将他对材料的理解、对场所的认识、对光线的运用、对历史的尊重，以及对人和社会的思考生动地再现于作品之中。霍尔借助丰富的造型手段和特有的比喻性叙述，将建筑的物质存在与人的精神世界联系起来，让人们去感知和思考。霍尔曾强调说：“建筑与场所之间应有一种历史发展背景上的联系、玄学上的联系、诗意上的联系。”⊖霍尔的建筑空间明显区别于经典的现代主义建筑空间，在其内部，非几何性的、动态的和多视点的空间效果被突显（图3-3-9）。

图3-3-9　西雅图大学圣伊纳哥教堂草图、外观及内部空间

⊖ 斯蒂芬·霍尔.锚[M].符济湘，译.天津：天津大学出版社，2010:7.

霍尔的知觉建筑否定建筑传达某种外在意义的作用，转而强调建筑对于使用者的直接经验和感受的影响，因此，他更加坚信人们对于建筑的体验、感知和先验是建筑师应该参考的绝对权威。霍尔在《锚》一书中强调说："从已建成的建筑物取得的经验现象（phenomena of experience）中，组织的意念（organizing idea）是一条隐蔽的线索，用明确的意图把互无关联的部件连接起来。"㊀他又同时指出："建筑思维是一种发自意念贯穿现象而又属于现象的活动。借'创造'去实现意念，它只不过是一粒延伸现象的种子。经验中的感觉变成一种推理，它截然不同于建筑创造。无论是反映概念与感觉之间的统一，还是反映意念与现象之间的缠结，其愿望也在于使理智与感觉相融合，赋予精确性以灵魂。"㊁

建筑空间不仅关乎实际功能和情感因素的需要，还关系到人类自身存在的意义，这种存在的意义通常会转化为空间的形式，在空间中多向度延伸。人们可以透过空间中潜在的线索与秩序，获得对空间、运动和事件的延伸体验和感知。诺伯格-舒尔茨在《西方建筑的意义》一书中提出："空间形式在建筑中，既不是欧几里得的，也不是爱因斯坦的。在建筑中，空间的形式意味着场所、路径和领域，也就是，人类环境的具象结构。"㊂在这里，笔者将这种"具象结构"定义为"狭义空间链"。狭义空间链的主要指向是建筑与环境、建筑与建筑以及建筑内部的系统维持，它受到霍尔"锚固"学说的深刻影响。

狭义空间链概念主要指向建筑的内在逻辑和秩序，主要包含分隔界面、组织形式、空间层次和空间结点四个方面。"空间链"的两端连接的是任何可能空间，人的精神意志位于"空间链"的最高端，而最能体现精神意志的就是位于末端的空间结点。对于狭义空间链而言，空间分隔是相对固定的，然而固定的形式和分隔界面本身却在对人们发出心理暗示和影响。至于界面围合的空间所营造的氛围，以及建筑空间内外部发生在空间界面上的作用力，只有空间中的人们才能体会。记得曾有人这样描述过空间分隔："四个单调的墙面如同一座监狱，但若在其中布满花草，它就变成了花园。"（图3-3-10）

㊀ 斯蒂芬·霍尔.锚[M].符济湘，译.天津：天津大学出版社，2010:8.
㊁ 斯蒂芬·霍尔.锚[M].符济湘，译.天津：天津大学出版社，2010:9.
㊂ 克里斯蒂安·诺伯格-舒尔茨.西方建筑的意义[M].李路珂，欧阳恬之，译.北京：中国建筑工业出版社，2005:7.

图3-3-10 柏林小教堂内部空间中的不同分隔界面对比

对于大多数建筑而言，它们的存在满足了基本的伦理功能要求，空间的存在与界面之间的关系表现得若即若离，规矩中透露着松弛。而在一些极具个性的建筑中，空间与界面的关系被表现得过度紧张，它们之间的相互作用也要比以往的建筑更加突出和强烈，时为膨胀状，时为挤压状，当然，这种状态与当今易变的外形和界面的不稳定性有着直接的关系，而狭义空间链概念恰恰是针对这种不稳定关系所作出的“锚固”。

第四节 | 时间性与四维空间

空间和时间的概念对于描写自然现象来说是如此的根本，以至于它们的改变引起我们在物理学中用来描写自然的整个框架的变动。在新的框架里，空间和时间处于同等地位，并且不可分割地联系在一起。在相对论物理学中，我们永远不能只谈到空间而不提时间，或者只谈到时间而不提空间。每逢描述与高速度有关的现象时，就必须采用这种新的框架。

——卡普拉《物理学之“道”：近代物理学与东方神秘主义》

时间对身前空间的穿越

在经典力学中，时间与空间的本性被认为是与任何物体和运动无关的，存在着绝对的时间和绝对的空间，即均匀流逝的古典时间概念和欧几里得式几何绝对空间。也就是说，在这种传统的时空观念下，时间和空间都是匀质的、独立的和互不相关的。但是，时空的这些特性并不能反映时空之间的不对等关系，确切地讲，传统时空观念中的时间性被压缩，空间性被放大，人们生活与生存的“静态空间”占据了绝对的统治地位，时间性则被稀释成为生活的调味剂。譬如，在宗教信仰占据社会统治性地位的时期，宗教建筑本身既拥有至高无上的神圣感，也反映着一个时代和地域的文化特征，宗教空间即属于现实性的空间，又是一个相对沉默和封闭的空间。在宗教空间所营造出的神秘氛围中，神性得到了充分的烘托，而与人性相关的时间因素却因被凝固而与空间分离。

在传统的时空观念下，人们都已习惯了将空间认定是三维的、静态的和非辩证的，因为三维空间是最为直观的空间原型，是人们假定的一个最便捷和最明确的体系，只有在这样的体系下，人们对于空间事件的表达才会显现出可控的秩序感。当人们置身于阿迪库斯露天剧场之中静心聆听（图3-4-1），站在大英博物馆中庭之中抬头仰望（图3-4-2），呆立在柏林的地铁站台之上耐心等待（图3-4-3），或者留恋于东京低调而又奢华的夜幕之下漠然转身之时（图3-4-4），时间都会宛如和风一般，从人们身前空间轻轻划过而不被察觉，显然，人们已经遗忘了身前的时间在流逝。其实，在很多时候，人们都不希望时间成为干扰者，去打断身体与空间的融合，然而让人内心倍感焦虑和矛盾的是，历史的描述和空间的记忆又是与时间息息相关的，完全无视时间因素的影响显然是不合情理和违背逻辑的，也是乏味和无意义的。

图3-4-1 阿迪库斯露天剧场

图3-4-2 大英博物馆中庭

图3-4-3 柏林的地铁站台

图3-4-4 东京低调而又奢华的夜幕

20世纪50年代，巴西政府为了开发中西部地区，作出迁都巴西利亚的决定，并从26个设计方案中，选定卢西奥·科斯塔（Lucio Costa）教授的飞机型平面布局作为蓝图。巴西利亚的城市规划和建筑布局完全从政府机关办公和居民生活出发，强化首都政治、行政管理中心的职能，最大程度上执行了《雅典宪章》提出的“功能城市”概念。然而在今天看来，这样的规划设计在适应性方面显然存在着较大的局限性，它由于过度强调平面构图和功能分区，致使空间功能的多样性被严重忽视，俨然成为了一个树立在现实生活中静态的三维空间实体模型。因为，真正的城市空间与生命之间存在共通性，它们同是复杂的有机体系，并具有混沌和多样性的特征，其中，多层级的混合居住与热闹的街头生活是混沌与多样性的具体反映，也是时间对身前空间穿越的实在表征。显然，巴西利亚城市空间中的静态秩序严重削弱了城市中互动的活力和历史的痕迹（图3-4-5）。

众所周知，时间所体现的是物质存在的“持续”属性，人们周围的一切事物，包括空间和运动的关系都在随着时间的“绵延”而发生改变，这种变化或是源于意念的反转，或是源于空间的递变，抑或是源于整个外部环境的更迭。而空间则体现着物质存在的“广延”属性，时空之间的关联以物质为媒介，在这里，这种特指的“物质”即为城市和建筑。

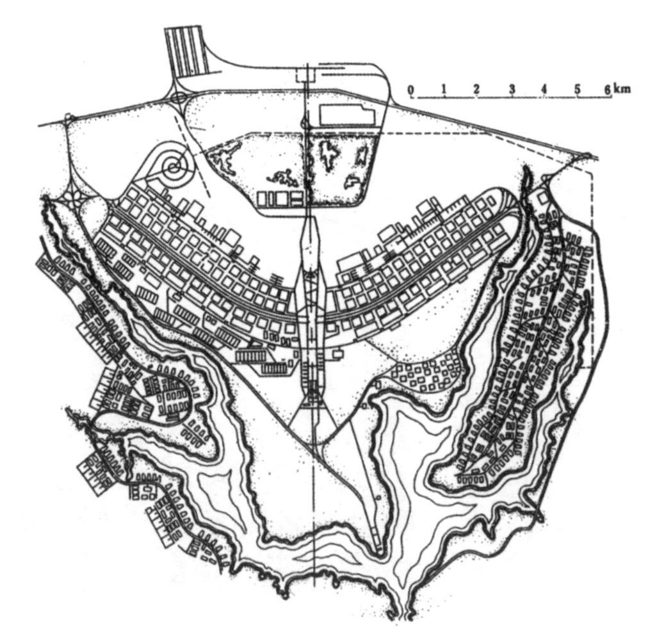

图3-4-5　巴西利亚的城市空间规划

阿尔瓦·阿尔托（Alvar Aalto）倡导人情化的建筑思想，关注建筑与环境、建筑与人的心理感受。他在建筑创作中，让时间与光线、时间与材质结盟，将与时间相关的内容自然而又惬意地编制到一起，营造出了令人亲近的空间氛围。在他看来："建筑师所创造的世界应该是一个和谐的，尝试用线把生活的过去和将来编织在一起的世界。而用来编织的最基本的经纬，就是人纷繁的情感之线与包括人在内的自然之线。"

珊纳特赛罗市政中心是阿尔托在第二次世界大战后最著名的作品。该建筑区别于一般的市政厅，它的会议室和接待室不再占据主要空间，图书馆、商店和公寓等一系列辅助功能却被引入建筑。整个建筑群分为四个部分，采用简单的几何形式，呈环绕方形内院布局，主体之间彼此分离又依稀呼应，空间形态自由活泼且有动势，其娴雅丰美、朴实自然的气质，准确地传达了政府中心"服务之家"的亲切意象。这座建筑中的每一个细节都是阿尔托人性化设计的具体表现，其中，光线从双层木制高窗泻进室内，使得室内空间生动活泼；顶部木质构架既是结构构件，也是重要的室内装饰。现代主义形式与传统文化的交相融合，自然材料与精致的人工构件相映成趣，让整个建筑空间都"绵延"着温情与诗意、纯净与神秘，而时间的痕迹也同空间一道在这里驻守（图3-4-6）。

图3-4-6　珊纳特赛罗市政中心外观及内部空间

模糊的起源与开放历史的冒险

与传统的时空观不同，现代科学对三维空间的认识提出了质疑，根据爱因斯坦的相对论，除了时间维度，真实的空间可能存在着更多维度，而且这些维度存在于人类无法感知的极短时间内。在爱因斯坦提出狭义相对论之后，俄裔德籍数学家闵可夫斯基

（H.Minkowski）于1908年首先提出了“四维时空”概念，并指出时空是不可分割的整体。他在《时间与空间》中提出：“孤立的空间和孤立的时间都将退到幕后，只有两者的结合才能够保持一种独立的现时性。”

随着社会文明的发展、科学技术的进步和人类自身的进化，人类的意识更加活跃，对外界信息的变动也更加敏感。特别是随着信息技术的加入，时空之间的不对等关系开始转变，空间的存在概念遭到压缩，而原本处于隐性的时间维度却被放大。时间是丰富的、多变的、有生命力的和辩证的，随着时间概念被反复地追问，时间与空间相结合所统一的四维空间就成为了人们所要面对的真实空间。从分子到宇宙天体，任何一个物体都占据一定的空间，有其相对固定的运行轨迹和内在结构，有其自诞生至消亡的转化历程。与此同时，时间与空间在尺度层面上的对应关系也被确认，没有不含时间因素的空间，也没有脱离空间的时间，时间和空间是一体的。就像斯蒂芬·霍金所指出的：“我们必须接受的观念是：时间不能脱离和独立于空间，而必须与空间结合在一起，形成所谓的空间-时间的客体。”

如果说静态的、均质的三维空间是一个带有天窗的小屋，而时间因素就是那扇天窗，一直以来它都是透明而又紧闭的。透过天窗，人们能够欣赏到星空的多变、夜色的朦胧，却很难感受到时间的纯度和空间的层次。“四维时空”观念扩充了人们的意识，让人们在获得前所未有的认知感的同时，也激起内心膨胀的欲望，并开启了一场伟大的“冒险”历程，让人们迫不及待地想要去打开那扇屋顶天窗。因为城市和建筑作为人类历史、文化和艺术交互作用的产物，是动态的有机体，它在时间的轨迹上与人们的生活形态紧密相连，所以，打开城市和建筑的“天窗”一直以来都是建筑师、规划师和学者们所热望的。阿尔瓦罗·西扎（Alvaro Siza）曾说：“对我自己来说，我喜欢牺牲很多东西，只为马上看到瞬间就能打动我的东西。我喜欢不拿地图漫无目的地闲逛，带有探险家特有的一种荒谬的感觉。”㊀

由西扎设计的Ibere Camargo基金会展览馆项目，位于巴西的阿雷格里港（Porto Alegre）。它是一个体形巨大的白色混凝土结构的建筑物，其中央区域由流通空间和展示空间巧妙结合，共同环绕而成。整个建筑的造型并非人们的视觉经验所经历的那样，

㊀ 鲁思·派塔森，格雷斯·翁艳.普利兹克建筑奖获奖建筑师的设计心得自述[M].王晨晖，译.沈阳:辽宁科学技术出版社，2012:213.

建筑的主体部分是由四个不规则形状的楼层叠置而成，其西南面为垂直的矩形墙体，主体的坡道就仿佛热情的胳膊，拥抱着外部空间。在建筑内部，中庭、楼梯、坡道、展厅、阳台以及窗户的设计都极富想象力，特别是中庭中那些从阳台的天窗和起伏墙体上的孔洞中所溢进的光线，搅动着由各楼层上巨大的移动式嵌板堆叠起来的室内空间。在这里，西扎以一种令人极端意外的空间组织关系，打破了传统空间的均质性和两点透视的秩序感，同时填充了流动的时间概念，让整个建筑空间显得玄妙而又神秘。当然，这样出奇的效果主要是源自于西扎在方案构思阶段，在意识中所形成的那些夸张，甚至于疯狂的想法（图3-4-7）。

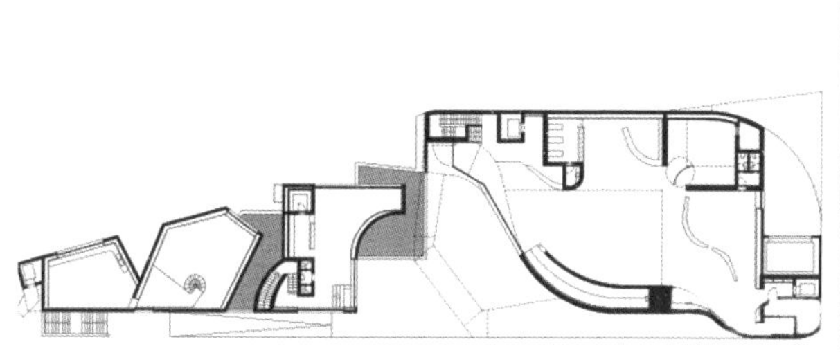

图3-4-7 Ibere Camargo基金会展览馆平面及内部空间

空间运动的共时性

当真正打开了意识的“天窗”，也习惯了时空的“冒险”之后，人们会惊奇地发现时间与空间的联系主要源于人类自身的内在性，是人类身体与意识的统一。在日常生活中，人们时常会在某些相对固定的时间和空间里从事某些相对固定的事情，并逐渐在意识中形成思维定式，同时外化为一种习惯性行为，比如老年人起早遛弯，中青年起早上班，青少年起早上学，小商贩起早摆摊等。其实，这些习惯性行为都是经由人们的身体运动而实现对身前空间的穿越。

生命本身就是一种自然的过渡，或者说是一种连续的生成，所以很长时间以来，人们都已习惯将身体作为度量的参照或支撑点，来进行现象解读和行为分析。比如，搭乘快速列车穿越时空的体验会告诉人们，透过车窗所看到的画面其实都在映衬着时间、空间和运动的改变。对于个体生命而言，时间是极其宝贵的因素，而对于空间而言，时间虽然显得过于平淡，但它在空间中所能够投射出的真实情感和生命意义却是无可比拟的，空间在时间中的运动被身体所呈现，在时间中运动的身体在空间中得以体验。可以说，时间属性是空间运动现象得以生成，并被系统阐述的决定性因素。

构成主义是以运动和空间为主体的艺术，强调空间中的动态性，而不是传统雕塑所看重的体量感。加波和佩夫斯纳兄弟在1920年发表的《现实主义宣言》中第一次提出了构成主义的称谓和宗旨，并强调说，“我们再也不能满足于造型艺术中静态的形式因素，我们要求把时间当作一个新因素引进来”。他们主张以运动来扩展未来主义的追求，而雕塑应当抛弃那种与体量和体积相联系的空间传统，时间和运动才是作品的基础。

在《创造进化论》一书中，柏格森将时间概念划分为两种：其一，习惯上用钟表度量的时间，他称之为“空间时间”；其二，通过直觉体验到的时间，即“心理时间”，他称之为“绵延”。柏格森将传统的时间概念视为时刻以此延伸、环环相衔而至无限的一根同质的长链。而“绵延”既非同质，也不可分割，作为一个有机整体，它的要义指向不断地流动和变化。在柏格森看来：“凡是有什么东西生存的地方，就存在正把时间记下来的记录器，暴露在某处”，显然，柏格森所强调的时间并非物理时间，而是对富含生命意义的“绵延”。绵延把过去和现在统一为一个有机整体，其中存在着相互渗透与不留痕迹的衔接。

时间的绵延让人类所了解的历史得以延续，场所的记忆得以浮现，空间的体验和感知得以持续，片段化的空间情境得以填补。因为有了时间，人们才能赋予空间以现实意义，并使其充满戏剧性。空间的戏剧性既突出了“时间性的空间”的语意，又具有“空间性的时间”的脉络。当建筑空间开始突显时间性时，人们对于时间的体验和感知就真实地与自身的情感意识联系起来。卡洛·斯卡帕（Carlo Scarpa）在维罗纳古堡博物馆的修复设计中，突出表现的不仅仅是古堡历史的一个片段，而是通过对古堡空间中记忆片断的捡拾和有序并置，实现了不同的材料和构造语言的对话。在新与旧的碰撞中，人们感受到了空间的戏剧性所散发的迷人气质，而就在此时此刻，“空间性的时间”得以停滞，“时间性的空间”得以“绵延”（图3-4-8）。

图3-4-8　卡洛·斯卡帕修复设计的维罗纳古堡博物馆

伴随独立的、封闭的和机械的空间概念的倾覆，空间的领域性也开始变得模糊起来，空间的开敞性和透明性将成为这个时代建筑演变和发展的主旋律。在这样的局面之下，“时间性的空间”概念获得了进一步扩展的动力，空间运动现象也将随之愈演愈烈，当然，它必将在具有生命特质且连续的四维空间中生成。

四维空间的分解与连续生成

20世纪初叶，由乔治·布拉克㊀与帕布洛·毕加索㊁所创立的立体主义，不仅是一次创作风格的改变，更是一次创作观念与观察事物方式的改变。它先把一切物象进行解体，把自然形体分解成为各种几何切面，使其旋转和错位，然后加以主观的组合，最后发展到把同一物体的几个不同方面组合在同一画面上，借以表达四维空间。毕加索认为不同的透视图应该在时间共时性里展示出来，于是就有了立体主义的开山之作——《阿维尼翁少女》。阿波利奈尔也十分肯定立体主义这样一种四维空间艺术，并感叹道：“立体主义用一个无限的宇宙取代了一个以人为中心的有限宇宙”。

立体主义最伟大的成就是突破了长期以来静态的三维空间局限，将数学上的“四维时空”概念拓展到绘画、建筑等诸多领域，开辟了具有动态倾向的四维空间表达，并在分解与重构中树立新的美学观念和秩序法则。就像雷米·艾融（Remy Aron）所说：“其实，立体主义不仅对建筑产生了重大的影响，它以反传统、反规则的姿态打破均衡，对传统形式美法则进行了挑战，对于当时及以后的美术、建筑、雕塑、装饰、陈设等艺术都产生了重大的影响。”

立体主义所谓颠覆传统的艺术表现，趋近于“四维时空”观念下的“四维分解”的操作。“四维分解法”这个词汇来自于意大利建筑学家布鲁诺·赛维的《现代建筑语言》一书，该设计方法最早在赖特的建筑作品和思想中得到体现，并由20世纪20年代荷兰风格派建筑师所提倡。赛维指出“四维分解法”是一种将时间因素引入空间之中的设计手法，其基本做法是将包含建筑表皮在内的建筑围护构件分解成不同方向的壁板，然后通过壁板的不同组合方式重构建筑的要素和空间的限定。

㊀ 乔治·布拉克（Georges Braque，1882—1963），法国画家，立体主义代表，对20世纪西方现代派艺术的影响力是很大的，毕加索把他和詹姆斯·乔伊斯并列，称他们是“两个最费人猜疑却又人人都能了解的人”。

㊁ 帕布洛·毕加索（Pablo Picasso，1881—1973），西班牙画家，具有重大影响力的现代派画家，他的作品对现代西方艺术流派有很大的影响。

到了后现代主义和解构主义时期，一些建筑师不再满足于建筑围护构件的简单分解，也不再接受那些维持着中庸的、稳定的和明确的价值判断，他们试图借助不连续的断片并置，即“四维分解”的方式来割裂艺术与生活、空间与行为等诸多层面之间的普遍联系，转而强调空间中的对立和冲突，这样的表达在他们的作品和思想中清晰可见。然而，这又不免让人生疑：当对立和冲突成为空间中的主旋律的时候，建筑空间所要真正传递的东西，特别是那些关联着人们内心深处的部分，是否会遭到掩盖呢?

“四维连续”与“四维分解”之间存在一种关联与互动的关系，是同一时空观念下针对建筑空间的两种模糊操作。其中，同一时空观念是指，它们都不再将身前空间划过的时间视为可忽视的因素，它们同时否定三维静态空间，认为三维静态空间所呈现的画面是停滞的几何透视，人们从中很难看到它对空间与生命之间真实状况的全面反映。而两种模糊操作所对应的结论却大相径庭，“四维分解”打破了静态的、停滞的透视关系，却带来了断裂的、不连续的和异质的属性；“四维连续”建立起来的则是开放的、连续的和全景式的画面，与空间运动现象相对应，接受空间运动的共时性，是人们的知觉体验进入更高层次的主要途径。扎哈·哈迪德认为现代主义运动中较为复杂的空间出现在立体主义、至上主义等空间探索中，这些空间所表现出的交织、模糊和流动的特征对建筑空间的构思和营造产生了重要影响。在她所追求的“四维连续”空间中，主要是以传统的“层”的消解为前提，突出高度与维度上的直接连续，并以此来实现时空的连续与交融。

在哈迪德设计的长沙梅溪湖国际文化艺术中心项目中，建筑本身被定义为从三个独立的结构中放射出的极度弯曲的曲线，它们与景观相连，提供了“强烈的城市体验”，形成了一个戏剧和艺术的全球目的地。该建筑使多样化的城市文化与独特的功能空间相统一，并具化为一座大剧院、一座当代艺术博物馆，以及一座多功能厅和配套设施。博物馆由三枚流畅的花瓣围绕着内部中庭组成，多个画廊空间以一种真正无缝的方式拼凑并置。而上釉的玻璃犹如一条条缎带，与露台一道向湖面延展，同时也使阳光可以照进博物馆。由场地各个方向涌来的步行游览者在中央广场相遇，人们的视觉既感受到了由建筑的相对位置所产生的强烈冲击，又向外延伸到附近的街道，穿过梅溪湖通往节庆岛，自由地享受少见的景观。可以说，空间的连续性在扎哈的建筑空间中得到了最大限度的释放，不仅如此，空间中的动感和连续性也带给人们一种时空穿越的深度体验，让人们的意识在模糊中步入新的境界（图3-4-9）。

图3-4-9 长沙梅溪湖国际文化艺术中心外观及内部空间

在过程中感受

在“四维时空”的概念中认知空间、时间、事物、运动和事件，往往可以发现单纯与复杂、清晰与模糊、组织与无序的交织和动态联系，与强烈的视觉冲击传达明确的信息不同，那些相对复杂、模糊和无序的事物可能更能引起人们的持续关注，并在人们的意识中，被重复简化，感受和识别。在“四维时空”的观念下，那些与空间、运动和事件相关的信息能够使人们在尚未确认其完整存在的时候，便以更加平缓和隐秘的方式渗入人们的意识。

在“四维时空”中，人们所能感受到的是时间与空间的叠加，由于人们已经习惯了以身体来作为度量的参照，所以，人们对运动的认定也是与身体和意识相对应的。其实，在建筑和城市空间中，空间、时间、事物、运动和事件都应该作为有机的整体来对待，它们共同营造着一种有机的、交织的和不可分割的“绵延”体验。然而在很多时候，建筑师都是在追求一种外溢式的突破，一种对限制性框架的逃离，一种对中心性的拆毁。就像槙文彦所说：“建筑里的创造是发现，不是发明。不是追求一种超越想象的东西，而是追求一种文化行为，这种文化行为是对时间愿景的常见想象力的一种回应。”

在这个无限延展的宇宙空间中，建筑创造了一个瞬间、一处场所，对于身体而言，建筑又帮助人类在一个令人惊叹的宇宙中感受到某种确定性的存在。人类了解自身，是因为人类在自身之中；人类不了解自身，是因为人类不能离开身体去审视自身。将自身置于事物的内部，可以让自己与事物的独特性相一致；离开事物，可以让人保持足够的客观，以更加连续的知觉对事物的完整性加以审视。因此为了获得完整认识，人们需要将自己融入空间的流动之中，在事物的内外，结合身体体验和直觉经验，建立起更加全面的视野。就像布莱恩·劳森在《空间的语言》一书中所写道的：“空间及其围合体，在我们日常生活中的地位要比纯技术、美学甚至是符号学所描述的要重要得多。空间既能将我们聚集起来，同时又能把我们分隔开。空间对于人际关系相互作用的方式非常重要。因此空间是交流的最基本和普遍形式的本质所在。”[一]

在拉斐尔·莫尼欧[二]的建筑中，对于时空的体现是他最深入思考的部分。诚如莫尼欧所言：“体验和理解一个建筑物，就是要意识到建筑物所表达出来的对世界和对结构本身的想法之间的那种连续性。”他所设计的梅里达国立古罗马艺术博物馆，没有完全依循罗马传统建筑样式，而是从引导参观者进行游历的尺度着手，建立起一种极其自由开敞的空间组织关系。

古罗马艺术博物馆坐落于西班牙中西部小城梅里达，该城建于公元前25年，是古罗马帝国殖民地鲁西塔尼亚的首府，城中古罗马时代的古迹非常丰富，该博物馆的场地就选在一片靠近古罗马的剧场和竞技场遗迹的废墟之上——这些废墟和残骸并非同一个时代。方案的初始意向是希望通过一个博物馆的建造，使当地的居民能够在已经建立了新城市的土地上，有机会了解这个已经逝去的罗马古城的历史，唤起人们对那一时代的美好追忆。莫尼欧通过在建筑中植入的跨越时空的隐喻，来强化此时此刻人们的时间感和物质性，而博物馆的建造也向人们提供了一份视觉盛宴，它真实与真切地反映了历史与记忆。在其沉着而又充满诱惑性的空间氛围中，不同的情境、尺度和光线以出人意料的

[一] 布莱恩·劳森.空间的语言[M].杨青娟，韩效，卢芳，等译.北京：中国建筑工业出版社，2012:8.
[二] 拉斐尔·莫尼欧（Rafael Moneo），当代世界著名建筑师，建筑理论家，教育家，1996年获得普利兹克建筑奖。

方式交织在一起，映衬着那些陈列着的古迹和表征着的历史，而在这样的空间中，目睹城市中的废墟也成为一种特殊的经历。可以说，古罗马的城市印象在这一刻被唤醒，莫尼欧创造了一种对话的场景和明确的时空穿越性：空间体验与历史记忆之间的触碰，过去与现实之间的定格（图3-4-10）。

图3-4-10　梅里达国立古罗马艺术博物馆外观及内部空间

第五节 | 空间意象和图式

现在我们将开始深入地看看，一个城市丰富和复杂的秩序是如何能够从千千万万创造性的活动中成长起来的。我们城市中一旦有了共同的模式语言，我们都将会有能力，通过我们极普通的活动，使我们的街道和建筑生机勃勃。语言，就像一粒种子，是一个发生系统，它给予我们千百万微小的活动以形成整体的力量。

——C. 亚历山大《建筑的永恒之道》

空间意象的回归与并置

人们寄居在这个世界上，无论身处纷繁芜杂的街区闹市，还是在自然祥和的田间地头；无论身处雍容华贵的皇家庭院，还是在清秀迤逦的自然山川，面对情景化场面的不同，内心捕获的空间意象也就截然不同。其中，那些或温馨或落寞；或优雅或粗放的情景化场面又总会对人们的内心产生别样的触动，并在人们的意识中烙下鲜活的印记。在中国古代，意象性的描述通常都与语言完美结合，特别是在古诗词中被表达得淋漓尽致，譬如马致远的《秋思》：“枯藤老树昏鸦，小桥流水人家，古道西风瘦马。夕阳西下，断肠人在天涯。”在行文生动的描述中，场景幻化为饱满的空间意象闪现在人们的意识之中，从中传递出的真切感受令人回味无穷（图3-5-1）。

意象看似是人们依赖经验，透过事物或事件所“看到的东西”，然而从更深层面来讲，意识才是其决定性因素。在现实世界中，意识决定着人们对外界事物的认识，就像维果茨基所说：“意识一开始就是某种整体。就像机体决定机能一样，意识决定着系统的命运，必须用整个意识的变化去说明任何机能间的变化。”那么，意象的具体涵义该如何理解呢？

意象主要是指认知主体接触到空间中客观事物或事件后，依据内在意识传递的表

图3-5-1　现实场景幻化为饱满的空间意象

象信息，在思维空间中形成的有关客体的浅表加工形象，以及在头脑中留下的物理记忆和相对完整的结构关系。美国诗人、意象派代表人物埃兹拉·庞德㊀曾对“意象”下过一个简短的定义：“意象是一刹那间思想和感情的复合体”。这种认识完全符合意象派的根本思想，其强调描绘客观事物必须表达主观的感受和体验，同时赋予客观事物以生命和情感，从而使主客体融合而成为一个复合体。《在地铁站内》是庞德最具代表性的意象派诗作，译文为“这几张脸在人群中幻景般闪现；湿漉漉的黑树枝上花瓣数点。”（原文为：The apparition of these faces in the crowd；Petals on a wet，black bough.）在这首诗中，虽然只有两行字，却意象鲜明而情意隐晦，形象互映而生成意义，犹如印象主义画作一般。

在空间运动有机体系中，空间意象作为意象概念在具体空间上的扩展，汇聚了个体的生理与心理特征、社会价值与文化背景，以及直觉上的经验与记忆中的画面，而生成一种充满意蕴和情调的东西。它是空间、运动和事件与人们内心的交融，它积极地反映

㊀ 埃兹拉·庞德（Ezra Pound），美国著名诗人，意象派的代表人物，他也是宣传中国文明、翻译介绍中国古诗的西方诗人之一。

着现实世界和空间逻辑的交织关系，可以说，空间意象在体验者和空间之间建立起了一种深度关联，成为了一种生理结构体、一种有效信息的组合体，同时也是一种可以承载记忆的有机体。当然，当空间意象发生并置的时候，往往也会引发情感情绪都脱离任何一个意象的含义，而成为一种全新的感受。就像休姆所说："两个可见意象的组合，可以称为一个视觉的和弦，它们的联合使人获得了一个与两者都不同的意象。"在建筑空间中，这种空间意象并置的现象比比皆是，特别是在信息化与开放的社会体系下。

波茨坦广场是柏林最具魅力的场所，以其生动活泼、多姿多彩的城市景象而吸引着众人。它主要是由索尼中心（图3-5-2）、戴比斯建筑群（图3-5-3）和A+T综合建筑群

图3-5-2　柏林波茨坦广场中的索尼中心

（图3-5-4）三个部分组成，其中由赫尔穆特·雅恩（Helmut Jahn）负责规划设计的索尼中心部分，强调整体、简练和技术感，漂浮的屋顶是其独特的标志；由伦佐·皮亚诺㊀负责设计的戴比斯建筑群，不仅延续了原有的波茨坦大街，同时也通过尺度的控制来将城市秩序引入人们的生活；而由乔治·格拉西（Giorgio Grassi）负责设计的A+T综合建筑群，则主要选用U形、H形和转角水滴形建筑形体组合而成，尤其是大面积的红砖外墙在该区域异常显现。综上所述不难看出，该广场的每一部分都在容纳不同的生活场景，也在塑造不同的空间意象，它们的结合与互动也给城市带来了更加多样的气息。

图3-5-3　柏林波茨坦广场中的戴比斯建筑群

㊀ 伦佐·皮亚诺（Renzo Piano），意大利当代著名建筑师，1998年普利兹克建筑奖得主。代表性作品有与理查德·罗杰斯合作的蓬皮杜艺术和文化中心、芝贝欧文化中心等。

图3-5-4　柏林波茨坦广场中的A+T综合建筑群

非线性语境与空间情节

在现实生活中，线性叙事总会被不断闪现的其他意象所推动和改变，而依赖身体运动所产生的线性序列原则，则不得不让位于影像化中“超链接”下的非线性序列原则，非线性空间是极其复杂的空间概念，其中渗透着数不清的空间参数和变量。法国后现代主义哲学家吉尔·德勒兹㊀拒绝经典认识论，在他看来，真实的思维是一种对现实的暴力对抗和对有序性的无意识破裂，真实世界能够改变和调整人们的思维。德勒兹认为，与其说思维能够认识真实世界，不如说人们的思维是“无象之思”——一种不是出于主动解决问题，而是被问题所决定的思维进程。

显然，在德勒兹的认识中，真实的世界是非连续的，非线性现象普遍存在于自然系统之中，与多元性、多样性相对应。而在当前开放的系统下，建筑空间中也渗透着越来越多的不确定的、跳跃的和非连续的变数，其复杂性趋近于非线性状态。这是人们已经无法回避的一种状态，所以只能尝试着主动接受，并且认可这样的一种外部世界的景象。空间运动有机体系作为一个动态的有机系统，它承认外部空间的非线性语境，接纳空间运动现象的非线性状态。在非线性语境下，有机空间系统也在不断实现分级，并通过与外界传递着熵来保持进一步演化的动力，而非线性空间组织则传递出多重交织的背

㊀ 吉尔·德勒兹（Gilles Louis René Deleuze，1925-1995），法国后现代主义哲学家，他同瓜塔里合写的几本书成为了法国的畅销书，并在英语学术界占有重要地位。

景、多文本叠加的复杂转译和对话。

在空间运动有机体系中，空间运动现象的背景分层类似于德勒兹所阐述的电影结构的三个层次：景框、镜头和蒙太奇。德勒兹认为电影不是对外在世界的真实表现，而是一种创造性的运动和时间组织方式的本体论实践。在德勒兹看来，运动就是时间的分层化产物，而分层化产物必定对应着非线性空间序列。显然，现实生活中完全的线性空间序列根本就不存在，空间中的事件之所以表现出时间上的连续性，主要是源于人类自身的“超链接”本能，它是一种能够迅速将非线性语境下的异质或异时的元素快速链接的能力。

在非线性语境下，空间情节的发生是一种客观场景能量释放的过程，以及空间事件得以呈现和自我呈现的过程。伯纳德·屈米在《建筑广告》（Advertisement for Architecture）中曾说过：“如果你真的想要理解建筑，也许你甚至需要企图谋杀。建筑的定义不仅是它的外墙，更是它的行为和情节。”显然，在屈米看来，对于空间行为和空间情节的理解是建筑空间体验不可或缺的部分（图3-5-5）。

图3-5-5　伦敦的街道空间中的行为与情节

那么如何理解空间情节呢？在《建筑体验——空间中的情节》一书的导读中，陆邵明副教授曾对“空间情节”下过这样的定义：“从空间的内涵来看，包括：有意味的概念、特定的主题道具、充满活力的场景与事件、生动有效的细部等构成要素；从空间结构来看，‘空间情节’是一种基于生活结构的空间关系的编排手法，如闪现、蒙太奇、多线索、空间性格的转变与复合等等，无论是空间情节的内涵还是结构，两者均源于生活体验。”⊖

在建筑和城市空间中，空间的趣味性和艺术感染力来自于与空间体验相关联的动态过程，来自于对重现记忆的场所感的认同，来自于与情节的有机共生。只有那些包纳了场景、事件、情感、情节、体验和记忆的空间才是有机、活态和有生命的空间。空间运动有机体系对于空间情节的强调，旨在打破相对固守的理性格局，进而向其他更加宽泛和开放的领域延伸，实现交叉互动。这完全符合当下日益凸显的非线性语境，同时也是建筑空间系统发展到更高层级，并逐渐走向混沌的标志。

多场景构图与空间投射

伴随着对城市、社会和人性的困惑，面对着共同信仰的缺失，以及建筑学对自身的质疑，人们开始通过隐秘的方式与个体性的精神世界进行交流，以此来揭示建筑和城市空间中的异质性。当人们渐渐习惯了让眼睛和心灵在非均质、多场景构图中穿梭，人们对于空间的确定性和一致性的坚守也就进入了倒计时。实际上，影像化概念对于空间的稳定性和确定性的颠覆已经显露无遗，影像化空间概念中的多场景构图是充满活力和流动性的，渗透着情感的因子，同时迎合着这个多变的时代。

多场景构图主要利用影像传媒来模拟空间关系，营造空间氛围。建筑与影像在“场景”这一因素上存在很强的交叉性，从避开物质的现实性角度而言，建筑隐喻对于电影想象来说一直都是必要的手段。在英剧《神探夏洛克》第二部第三集的剧情伊始，导演对发生在伦敦不同地点的四段情节进行了分述：①莫里亚蒂走进皇冠权杖室，戴上耳机，开始准备实施酝酿已久的行动；②监控室里的两个监控人员，一个盯着显示屏幕，一个正在离开位置去倒茶水；③在英格兰银行经理办公室，经理和工作人员正在谈论国债和股票的变动；④在本顿维尔监狱，监狱长正在向来客说明拒绝所有假释申请，并恢复死刑。显

⊖ 陆邵明. 建筑体验——空间中的情节[M]. 北京：中国建筑工业出版社，2007:1.

然，这是导演或者编剧所建立的多场景构图，同时对行为和事件的空间投射进行串联，实际上，这样的场景虚构也是对影像化空间中空间运动共时性的全面反映（图3-5-6）。

让·努维尔擅长借用电影的方式进行建筑创作，他曾说："建筑也如同电影，建筑本身也在讲故事。"在他看来，电影可以实现在现实主义与超现实主义之间的一种合理平衡，而建筑作为时间、空间和运动的综合艺术，也需要通过光和影像的设计才能得以实现。康威·劳埃德·摩根（Conway Lloyd Morgan）在他的《让·努维尔：建筑的元素》一书中指出："努维尔的建筑通过它们在视觉形象上的复杂性与一致性吸引了我们的注意，将他的建筑比作电影或许是合适的。'多场景的构图、持久和顺序，对比和光线的处理，速度与运动的感觉——电影中能发现的品质——同样可以在努维尔建筑的静止状态中找到。'"㊀

人类通常是通过空间、时间、因果关系和逻辑推理来认识外部世界的形式，并通过认知、想象、记忆和情感来加工处理复杂的关系，最终让复杂的关系可以适应自身的世界观和价值观。从这个层面来讲，建筑与电影一样，都是精神投射的触媒，它们都可以通过空间、运动和事件将情感投射到人们的内心，与人们的内在感知和情绪的变化相对应，并且展现出一定程度上不受约束和控制的自由意识，也就是说，建筑与电影同样

图3-5-6　《神探夏洛克》第二部第三集剧情伊始的多场景影像

㊀ 康威·劳埃德·摩根. 让·努维尔：建筑的元素[M].白颖，译. 北京：中国建筑工业出版社，2004:74.

也因对空间的存在性和内心的深度揭示而融合在一起的。真正的建筑所拥有的空间需要具备投射性，这种投射性集中了泛思维，同时携有巨大的能量，可以冲破一切阻隔和障碍，在消耗中获取认知。因而空间也被定义为“一种主体透射和内向透射的产物，而不是一种物体和身体的稳定容器。”而当空间投射触碰到个体或集体的深度意识时，人们就会发觉它所具有的创造性力量。在意识深处，人们既可以感觉到可见部分的空间性，也能够体会到不可见部分的空间性，还能够在可见与不可见之间，察觉到信息与能量的交互作用。

很长时间以来，身体是人类介入社会生活的主要媒介，经由身体的知觉，人类开始熟悉和适应周围的环境，现在又得到了影视、媒体、数字技术等现代先进方式的支持，使得人们对于空间的认知更加全面和综合。然而，这些影像媒介的强势介入又不免让人产生担忧，因为对于虚拟技术的过分依赖，很可能会严重影响到建筑空间投射的原生性，影响身体对空间行为和空间事件感知的敏感性，以及对自身真实存在感的确认。

空间图式与类型学

对于非均质空间的认识和强调，反应出了人类摆脱生存压力、环境桎梏和传统束缚，进而获得自由发展和自我实现的态度，而与此相对应的则是空间图式的改变。空间图式是整个人类社会文化系统的一个重要组成部分，其形态结构和发展态势直接受制于所处的社会、文化环境和开放程度。在适应环境的过程中，图式不会一味地停留在某一水平或某一阶段，而会不断地发展、变化和丰富起来。

图式（Schema）这一概念最初是由康德提出，在康德的认识学说中占有重要地位。康德把图式看作是“潜藏在人类心灵深处的”一种技术、一种技巧。当代瑞士著名心理学家皮亚杰通过实验研究赋予图式概念新的含义，使其成为他的认知发展理论的核心内容，在该理论中，皮亚杰指出图式是一个有组织的、可重复的行为模式或心理结构，是一种认知结构的单元，是包括动作结构和运算结构在内的从经验到概念的中介。

在认知发展理论之后，20世纪70年代的现代图式理论（Schema Theory）吸收了理性主义关于心理结构的思想和经验主义关于以往经历对心理具有积极影响的观点，并在信息科学、计算机科学和心理学关于表征研究所取得的新成果的基础上而产生。在现代图式理论中，图式不是各个部分机械相加，而是按照一定规律，协同构建的一个有机整体。它是一个动态与可变的认知结构，其特点主要表现为相对的稳定性、选择性倾向、对信息的加工、对空间事件发生的预测，以及对空间情绪的激发。由于图式概念有助于解释复杂的社会认知现象，所以它很快得到了社会心理学家的推崇，到了20世纪90年代，图式理论又被运用于跨学科、跨领域的研究，与其他理论相比较，图式最大的优势就是它兼具描述和解释功能。

在《建筑的永恒之道》一书中，C. 亚历山大认为在建筑和城市中存在着一种无名特质，引领它们踏上永恒之道，并强调这种无名特质与空间中所发生的事件的模式息息相关。在这里，笔者大胆地将康德、皮亚杰对图式的理解与亚历山大所强调的“有生气的模式”进行比较，发现康德的哲学解释、皮亚杰的心理学解释以及亚历山大的建筑学解释之间同时具有行为模式与认知结构等多方面的共性。如果将这种共性作为集体研究对象，并在建筑学领域延伸，我们又会发现这种图式理论也同时较为接近类型学概念。

类型学作为一种建筑研究理论，主要是针对类型的发生、发展、性质和特征而进行的研究，同时它也被视作一种描述性理论。就像拉斐尔·莫尼欧所说：“什么是类型？类型可以被最简单地定义为按相同的形式结构，对赋予特征化的一组对象所进行描述的概念，它既不是一个空间的图解，也非一系列条目的平均，本质上它是根据一定的内在结构相似性和对象编组的可能性而形成的概念。”㊀阿尔多·罗西（Aldo Rossi）认为“类型是建筑的原则”，他试图用一系列视觉形式框架与结构，来建构建筑的基本样式认知（图3-5-7）。

图3-5-7　阿尔多·罗西设计的Bonnefanten博物馆新建筑草图及外观

㊀ 沈克宁. 当代建筑设计理论——有关意义的探索[M]. 北京：中国水利水电出版社，知识产权出版社，2009:68-69.

在建筑类型学领域，L. 克里尔（Leon Krier）强调城市的整体性，以恒常性为出发点；莫尼欧关注建筑空间与历史传统的关联；科特米瑞强调类型与模型的区别，认为类型概念本身是形成模型的法则；阿尔多·罗西则相信形式、形态是可变的，而生活赖以发生的形式类型却是稳定的。显然，L. 克里尔、拉斐尔·莫尼欧、科特米瑞和阿尔多·罗西等人对于建筑类型学本身存在不同的看法和认识，但是，他们的基本概念中都表现出了对内在空间认知结构的强调，对生活经验与空间形态的结合，以及对系统的动态适应等方面的更新。正如阿尔多·罗西所说："类型是按需要对美的渴望而发展的，一种特定的类型是一种生活方式与一种形式的结合，尽管它们的具体形态因不同的社会有很大的差异。"㊀

局部与整体

在空间运动有机体系中，局部与整体是空间图式中的对立概念，都始终处于某种特定的秩序之中，这种秩序可以理解为某种必然的联系或法则，且不以人的意志为转移，也不会因人的存在而引发偶然事件，因为在自然的秩序或法则中，任何事物或事件都不会孤立地存在。当然，局部与整体之间的必然关联并不依循"主客二分"的关系，就像人类与空间之间的关系。比尔·希利尔在《空间是机器》中说道"这并不意味着人类与空间的关系是受自然法则控制的，而是意味着从可能性发展到现实的过程中（或者历史过程中），存在着调和人类与空间之间的自然法则。"㊁

在有机空间中，整体是局部的合成，而不是单纯地叠加；局部是整体的分解，而不是粗暴地割裂，局部与整体之间自然有机的关联，显现着局部的朴素与整体的多样。局部的关联形式多种多样，从本质上讲，是与生活的意义相融合的有机复合体，而整体则是空间图式对有机系统的多视角反映，包括了人们熟悉和不熟悉的、可见和不可见的部分，譬如居住的空间、穿越的街道和交流的场所等。由于行为的主体对于路径的选择具有不确定性，才会在与其相对应的空间事件中产生局部与整体的差别。如果局部与整体的有机关系遭到割裂，那么，局部空间的模糊性将会得到加强，整体的稳定性也会面临威胁，人们意象中较为固定的空间图式也将遭到瓦解。

㊀ 汪丽君. 建筑类型学[M]. 天津：天津大学出版社，2005:105.
㊁ 比尔·希利尔.空间是机器——建筑组构理论[M].杨滔，张佶，王晓京，译. 北京：中国建筑工业出版社，2008:213.

对于空间运动有机体系而言，行为和事件的发生是局部或整体在特定秩序中的表现，它既不会冲淡整体性概念，也不会模糊局部性概念；它的原相即便不能在人们面前得到还原，也会让近似的场景和画面得以呈现，并让空间、运动、事件、情节和体验回归到建筑和城市的本位。可以说，空间运动现象串联起了所有的局部和整体，而空间运动有机体系则接纳了所有单纯与复杂。就像格式塔心理学家所认为的那样，“知觉到的东西要大于眼睛所见到的东西；任何一种经验的现象，其中的每一部分都牵连到其他部分，每一成分之所以有其特性，是因为它与其他部分具有关系。由此构成的整体，并不决定于其个别的元素，而局部过程却取决于整体的内在特性。完整的现象具有它本身的完整特性，它既不能分解为简单的元素，它的特性又不包含于元素之内。”

在空间运动有机体系中，局部与整体、局部与局部都是相对的空间概念，它们只有接纳事件和行为的发生，剔除对立和矛盾威胁，并在空间运动现象的关联下维持着稳定的自在秩序性，才真正拥有存续的价值和意义。在由槙文彦设计，并于1985年建成的华哥尔艺术中心项目中，方形精准的铝材面板、重叠的格栅、裁剪的窗户、各种几何形体的组合——一个圆锥、一个立方体、一条钢琴曲线、屋顶花园、金字塔形的结构以及半球形的圆顶——被集中并置，如果人们的目光仅仅局限于这些局部的拼贴元素，将会很难理解建筑的整体意图，因为建筑的真相就在所有碎片整合在一起所提供的具象性的空间图式中。实际上，槙文彦就是在借用这些碎裂的、拼贴的组成形式来反映东京城市结构的庞杂（图3-5-8）。

图3-5-8　槙文彦设计的华哥尔艺术中心

第六节 | 空间运动的组织与结构

我们看到了一种全然不同的认知模式的运用。我们现在感受到的不只是德彪西音乐的音符的内部结构，而是这些音符所代表的它们自己的世界或体系之外的某种东西的方式。我们总能听出这种音乐在暗示某种图像、场景、状态和环境。

——布莱恩·劳森《空间的语言》

空间运动中的非惰性组织模式

组织行为理论认为，人们对客观事物的认知主要是建立在已有经验的基础上，人们在分析问题与制定策略的时候，总会自觉或不自觉地沿着之前熟悉的方向和路径进行，从较为固定的思维模式中寻求解决之道。当“认知——模式”成为思维定式之后，必将影响到组织的行为方式，组织也将形成较为固定的行为模式。然而，这种较为固定和保守的行为模式极易演变成为组织惰性。所谓的组织惰性主要是指一种固化内存于组织之中，维持现有活动模式与行为习惯，以及抵制环境变化的倾向，它在组织的形成、发展和变革的过程中普遍存在，是一种动态累积的过程。

其实，这种组织惰性在传统的建筑和城市空间中同样存在。由于建筑和城市空间的组织结构本身相对稳定，且具有维持其既有形态不发生变化的惯性，同时存在无法通过自身的力量来适应环境变化的局限，使得传统的建筑和城市空间对于环境变化的回应异常迟缓。久而久之，在持续变化的环境面前，空间组织中的这种惯性便演变成为了组织惰性。可是，被组织惰性压制的建筑和城市空间终究是没有未来的，所以，为了维持空间前进的动力，人们需要在空间组织适应环境的过程中，为其提供有效的行为方式和非惰性组织模式，为空间组织的分化和整合植入活态因子。然而，当环境再次发生根本性转变之后，所谓的有效方式和活态因子又会转化为惰性，空间系统势必会再次陷入几近滞化的状态，因为惰性终究是封闭的、均质的、僵化的和没有前途的。因此，为了彻底转变这种“惰性——非惰性——惰性”的循环往复状态，人们不得不激活空间系统的自组织性。

空间系统的自组织性是非惰性模式中最为明显的特征，这一概念主要源自于社会系统与自然系统中的自组织原理。自组织原理主要是指系统在一定的外部能量流、信息流和物质流输入的条件下，通过大量子系统之间的协同作用，而形成新的时间、空间或功能的有序结构。社会系统与自然系统一样，具有内在性和自生性特征，都是处于动态自组织过程之中的系统，该系统的平衡存在着模糊的关系，所谓的生态平衡、收支平衡等仅仅是其外在的平衡性指标。实际上，社会系统与自然系统的潜在秩序根本不会达到绝对的平衡状态，所谓的平衡状态只是人们的一种希望和愿景，否则也就不存在自组织原理。

空间运动有机体系从这些大系统的自组织性中得到暗示：复杂的整体形态建构可以通过一些精炼的方式获得，以连续和流动的空间构成作为串联，实现外部隐性指令对功能要求的划分，以及建筑形态对有机自然的融合。实际上，这种连续的空间构成和有机的建筑形态为人类适应复杂的自组织性提供了可能。汤姆·梅恩[一]就曾强调说：“我与惰性物质一起工作。我的工作就是把这些惰性物质组织起来。”

在国际上一些发达国家和地区，由于资源枯竭或结构性危机导致地区主导产业衰落，产生了大量的工业废弃地，并导致了一系列的经济、社会和环境问题。因为衰落本身带来就业、居住和交通等诸多方面的难题，工业废弃地内部又存在很强的空间限定性和组织惰性，加上它的存在对于自身、周边环境和城市空间都会产生不可估量的影响。所以，在重新组织整理和规划设计的过程中，最重要的一点就是要实现非惰性模式下的多重因子的叠加，带动空间自组织系统中诸因子的协同作用。北杜伊斯堡景观公园项目原本是作为埃姆舍地区绿色空间结构系统中的构成元素之一，以开放空间整合及生态恢复与重建为主题。但是彼得·拉茨[二]通过极具开创性的设计，既使得旧厂区的整体空间尺度和景观特征在景观公园构成的框架中得以保留和延续，又将潜在活性因子转化成为了新的现实活性因子。在解释这一规划的时候，拉茨说道：“在城市中心区，将建立一种新的结构，它将重构破碎的城市片段，联系它的各个部分，并且力求揭示被瓦砾所掩盖的历史，结果是城市开放空间的结构设计。”（图3-6-1）

㊀ 汤姆·梅恩（Thom Mayne），美国著名建筑师，2005年的普利兹克建筑奖得主，代表性作品主要有加州交通运输局第七区总部、Hypo银行卡莱根福总部多用途中心等。

㊁ 彼得·拉兹（Peter Latz），德国当代著名的景观设计师，他用生态主义的思想和特有的艺术语言进行景观设计，在当今景观设计领域产生了广泛的影响。

图3-6-1　彼得·拉茨改造设计的北杜伊斯堡景观公园

动态暗示的活跃机能

非惰性组织是建筑和城市空间中的活力和潜力所在，它在空间运动有机体系中被激越的同时，也就被置于了动态的系统之中。格雷格·林恩曾说："动态暗示着一种活跃的机能，一种无处不在的精神，一种生长过程，一种驱动力，一种活力和一种虚拟。在动态的多重暗示中，它触及建筑有关其结构的众多设想。对建筑师而言，是动态产生疑问在于他们在学科中维持一种静态秩序的道德伦理。他们不仅要保持提供遮蔽物的传统角色，还被期待提供某种静态文化。由于建筑追求永恒，因而是建立在惰性之上的最终模式思想之一。通过将建筑引入非惰性组织模式中来挑战以上这些假设，不仅不会威胁到建筑学科的本质，反而会推动它的进步。"显然，动态空间关联着形式的演变过程和形式形成的控制力，它体现的是一种动态的、活跃的机能，是一种适应自然界非线性本质的发展过程。

对于动态建筑而言，纯粹的建筑形式不是其关注的重心，它所要表达的是完整的空间形态概念，而"动态"则已经指定空间从形态的关系出发，探索有关非纯粹几何形态的构成性。从国际上诸多先锋建筑师的作品中不难发现，他们对于建筑形态的处理方式大多集中在非欧几里得几何形体的娴熟运用中，这也是对全球文化的异质性特征所作出的回应。被誉为全球最具魅力和影响力的毕尔巴鄂古根海姆艺术博物馆就是对“动态”建筑的完美诠释，它也是弗兰克·盖里最具代表性的作品。它同盖里其他一些作品一样，很少被掺杂进社会化和意识形态的东西，单纯得就如怒放的生命一般光彩熠熠，以其奇美的造型、特异的结构和崭新的材料吸引着全世界关注的目光。在这个建筑中，盖里采用了玻璃、钢、石灰岩和钛金属等材料，并由零碎的三维曲面自由地拼贴、堆积、扭转、错动组合而成，使其具有摇滚乐一般的动感和感染力。拉斐尔·莫尼欧曾对此赞叹道：“没有任何人类建筑的杰作能像这座建筑一般如同火焰在燃烧。”（图3-6-2）

先锋建筑师已经习惯了从建筑的形态和结构的解构中发掘进步的动力，而形态和结构形式的进步却源自于建筑内在的活跃机能，当建筑内在的构成元素被重新定义和组织，并以新的解构形式作为构筑建筑概念和形态的支撑，就会生成一种多变且充满动感的“新范式”，在这一“新范式”中，分裂和运动包含了所有感觉，或狂躁，或愉悦。

在空间运动有机体系中，建筑的分裂和空间的运动超出了建筑物理意义上的反复与变化，其建筑形态也因具有某种倾向性张力，而带给人们视觉与内心的双重触动。如果将这种“动态性”的语言映射到人们的内心，它便会生成一种与“静态性”空间语言完全不同的活跃机能，并将人们对建筑空间的表达推向更多可能。

图3-6-2 弗兰克·盖里设计的毕尔巴鄂古根海姆艺术博物馆

FOA属于实验型的建筑师团体，它拥有一套相对完整而又独特的设计操作方式，其中，生物学中的物种理论、拓扑学和计算机生成系统等是其最为常见的方式。横滨国际港口客运中心就是FOA基于其独特设计方式而生成的一个代表性建筑，该项目的构思创意主要始于一种围绕流线图产生组织的可能性的想法。FOA从地形地貌的特征中寻求创造建筑空间新形态的方式，它打破了从二维平面出发而形成的从属于笛卡尔网格体系的三维空间形态，追求并呈现一种四维连续的空间关系。该建筑的空间界面是模糊的，地面、墙面和屋顶的传统关系遭到了瓦解，被设计成为了一种自然的交汇和连续生成，暗含着一种动态的活跃机能，并带给人们非比寻常的空间体验（图3-6-3）。

图3-6-3　FOA设计的横滨国际港口客运中心

内在结构逻辑的一致性

结构主义认为整体对于部分来说具有逻辑上的优先性，任何事物都是一个复杂的系统，系统中任何的一个组成部分都不该被孤立地理解，而只能把它放到一个整体的关系网络中，即把它与其他部分联系起来才能被完整理解，建筑自然也不例外。在空间运动有机体系内，活跃的机能为建筑形态和结构注入了活力，而活跃的机能显然不是孤立的，它的存在依附于内在结构逻辑的一致性。

没有任何学科能够像建筑学这样，通过塑造环境来直接影响人类，然而在过去很长的时间里，人们的精力都主要集中在自然无生命结构和生物结构的认知上，却对建筑内在结构维持系统的有机状态，创造内在秩序的真实机制等问题缺乏深入关注。西班牙建筑师圣地亚哥·卡拉特拉瓦㊀的建筑创作是个例外，在他的作品中表现出了一种具有动态倾向的持续性，而其形态构思、结构逻辑和空间组织也都展现出一种鲜明的内在一致性（图3-6-4）。

卡拉特拉瓦是一位异常活跃且极具创新意识的世界级建筑师，他的作品中流露着完美、巧妙和优雅的艺术性。他的作品在解决工程问题的同时也塑造了形态特征，那就是：自由曲线的流动、组织构成的形式及结构自身的逻辑。卡拉特拉瓦将结构作为活的有机体来理解，而这所展现出的动态倾向、动态美感及生命活力，不仅反映出结构的力量，还表现出包含于空间中的运动。而运动潜移默化地融入了结构形态，甚至于结构形态上的每一个细节。卡拉特拉瓦说："没有必要在建筑结构上去增加所谓的建筑艺术，也就是说没有必要去穿上所谓的时髦外衣，结构就是建筑。"

图3-6-4　坦纳利佛音乐厅的内部空间

㊀ 圣地亚哥·卡拉特拉瓦（Santiago Calatrava），西班牙极具创新观念，且备受争议的建筑师，拥有建筑师和工程师的双重身份，对结构和建筑美学之间的互动有着精确的掌握，以桥梁结构设计与艺术建筑而闻名于世，代表性作品主要有密尔沃基美术馆、巴伦西亚科学城等。

卡拉特拉瓦的设计以纯粹的结构展现优雅的动态，展现技术理性所能呈现出的逻辑之美，仿佛超越了地心引力和结构法则的约束。在卡拉特拉瓦看来，重力是大自然的馈赠，受力的结构总和物体运动有关，没有运动就没有受力结构，即使在静态的受力结构和稳定的受力体系中也隐藏着运动的趋势。在他的设计中，不仅仅通过形态来表达动势，他也创造了能够真正运动起来的构件。这种对力与力的趋势的深刻理解以及对其形态的优雅表达，都使得卡拉特拉瓦的建筑创作充满了动人心魄的诗意。

密尔沃基美术馆是卡拉特拉瓦在美国的第一个建成作品，为了尽情发掘地段环境与生俱来的优质潜力，卡拉特拉瓦将建筑放置在水一方，正向面对着地段西侧的林肯纪念大道。卡拉特拉瓦沿着大道的方向新建起了一条拉索引桥，以此将人们的视线直接导向新建的建筑上来，笔直地对着新美术馆的主要入口。由于卡拉特拉瓦对混凝土承重结构的熟练把握，这个白色混凝土材质的塔门的浑厚气质将整个建筑的鲜明性格和盘托出。正对着塔门的轴线，在入口稍微靠后的地方，是这个引桥的拉索结构中的中脊，这个必不可少的构件以47° 倾角升起，与桥面构成了空间关系上的平衡。而沿着南北轴线向北伸展的展览空间，既让建筑产生了完整的形象特征，也让遵循结构规则的绵长韵律得到了最好体现（图3-6-5）。

卡拉特拉瓦在建筑中所表现出的空间与结构之间的密切关联令人赞叹不已，其实，在人类的建筑史上，几乎每一次建筑观念的转变都会伴随建筑结构的重大革新和超越，因为不同的结构形式与逻辑关系对应着迥异的建筑形态。而从结构控制层面探索建筑空间的营造和组织，也会对建筑的创新设计和发展起到积极的推动作用。在空间运动有机体系中，结构系统既是一种空间观念形态，又是空间中事物的一种运动状态，是主观空

图3-6-5　密尔沃基美术馆外观及内部空间

间与物质空间的结合之物。空间行为和空间事件的发生既依赖于系统的整体性结构的改变，又取决于空间运动现象中的结构逻辑和组织关系，而结构逻辑和组织关系对于空间图式的构成和稳定发挥着决定性的作用。

空间运动的泛秩序法则

在空间运动有机体系内，内在结构逻辑的动态性决定了有机空间不可能执行“静态”的秩序法则。所谓的“静态”秩序法则，主要是指纯粹的建筑形式、稳定的结构构成及确定的功能空间。其突出表现为一种整体统一性，它明确了各部分组成的相对关联和关系。描述它的词汇主要有：静止的、统一的、稳定性的、理性的、清晰的、规则的、二元的、线性的、强调直角的、垂直的、单纯的、确定的和匀质的等。

随着立体主义、至上主义和结构主义等改革运动的出现，以及解构主义对传统中不容置疑的哲学信念的挑战，先前“静态”的秩序观逐渐被打破，匀质空间的有序性被颠覆。一些诸如斜插、错位、交织、扭曲、旋转、倾斜与折叠的设计语言也被应用到建筑的创作之中，塑造出了极具视觉冲击力和震撼感的建筑形象，以及多元、复杂、矛盾和不确定的空间形态。不管是传统建筑，还是解构主义建筑，它们的空间中都存在着必然的秩序，人们对于这些空间的表达只是在改变着秩序的表现形式，而不是秩序本身。空间本身是纯粹的，但是它的界定可以以自由为前提，复杂而又多变，恰恰就是这种复杂与多变的空间界定，让空间结构超出惯常而呈现出丰富与多样性。

汤姆·梅恩作为国际先锋建筑师，他希望能够打破材质、形式的传统疆界，走出现代主义二元论的设计领域。在他的设计中蕴藏着异常剧烈与动荡不安的情绪，或者说，他在用建筑强调一种未完成的状态，在他看来，破碎与分离的存在才是建筑的本质。然而，梅恩的这种分离意识实际上并没有削弱设计表达中的严谨性，他的建筑特色就是以结构严谨的施工过程，和骨架型构造为主，而在形式的表达上则喜欢用拼贴的长矩状和片段式的结构。另外，梅恩也重视基地与建筑，建筑与建筑之间的联结关系，讲求独立建筑的机能性与材料的发挥，因为在他看来，基地是有纹理的，环境与地景也是息息相关的。

位于上海西郊由梅恩主持设计的巨人集团医药园项目，是一个单结构的“园区”——一座错综复杂的2.4万平方米的建筑，一条长长的、弯曲的办公楼结构跨越了四车道的公路，连接了东西两个园区。为了在建筑和场地之间形成连续体，设计对地形进行了大幅度改造，并引进了建筑师“扩张地平面”（augmented ground plane）或“抬升地景”（lifted landscape）的理念。在“地平面”以下布置了各种功能空间，而在“地平面”上则构成了双层的波浪形种植物屋顶。从几何学上讲，这座建筑的钢架、悬臂和混凝土钢结构，以及低矮的形制都被表现得十分特别。显然，作为一个混合体，这座建筑在设计的过程中以泛秩序的法则成功地应对了各种变化（图3-6-6）。

在空间运动有机体系内，空间的结构和组织是非传统的、非实体的和非固定的，它不再是人们印象中所认识的实体结构概念，而是一种建立在意识之上，支撑空间图式的稳定秩序，它为空间行为的自在和谐和空间事件的平稳有序提供了保证。梅恩的建筑思想和空间的表达吻合了空间运动有机体系的这些根本特性，都遵循了生成、成长、成熟和消亡的圆满过程。他对于空间处理的颠覆性手段也都与“空间运动”密切相关，以一

图3-6-6　上海巨人集团医药园剖立面、外观及内部空间

种或单纯或复杂、或严谨或松散、或深邃或浅显的泛秩序形式结合在一起，并预示着一种生命运动生生不息的状态。他的建筑对外所传达的离散、运动和自由的信息也都唤起了人们内心最为深刻的生命意识。

冗余空间

空间运动有机体系内的泛秩序观也为复杂与含混的视觉审美提供了必要的前提，为人们识别和接受更多蕴含在复杂事物背后的信息提供了冗余空间。冗余（redundancy）概念最早出现在计算机技术领域，后来冗余信息成为了信息论中一个非常重要的术语和概念。在信息论中，信息冗余是传输消息所用数据位的数目与消息中所包含的实际消息的数据位的数目的差值。冗余技术是确保信息有效传递的一种措施，并能够帮助信息接收者接收到相对完整的信息。随着冗余概念的扩展，冗余现象渗透到了文学、艺术、传播学等诸多领域，同时也对建筑学产生了较为深远的影响。

在功能主义和理性主义的空间表达中，建筑空间通常基于功能合理的前提，追求简洁紧凑的空间形态，摈弃华而不实的个性化发挥。然而随着时间的推移，这种仅仅依循具体功能要求所进行的创作与当代人对于空间多样性的要求出现了错位。作为应对的手段，冗余空间所携带的不确定性、模糊性、多元与多义性被广泛采纳，冗余空间自身也演变成为一种扩展性、缓冲性和补充性空间，它为当代建筑适应新的要求提供了契机。就像《冗余概念的界定与冗余产生的生态学机制》一文中所提到的："冗余的产生过程是整个生命有机体的总体功能扩展的过程，冗余的产生和存在，有助于增强有机体的稳定性，提高其适应自然环境波动的能力。"

冗余空间的出现提高了空间的灵活性与可变性，具体而言，冗余空间对当代建筑概念的影响主要体现在以下四个方面：

1）冗余空间赋予了建筑空间可塑性和艺术生命力，就像文学、影视一样，如果没有冗余度，就不会有那些富有艺术感染力的诗歌和散文，不会产生让人悬疑和回味的故事情节。当然，"冗余性存在于诸如文学和音乐这一类的艺术形式中比存在于建筑的空间体验中更容易理解"㊀。

㊀ 布莱恩·劳森.空间的语言[M].杨青娟，韩效，卢芳，等译.北京：中国建筑工业出版社，2003:82.

2）冗余空间带来了弹性和伸缩性，特别是针对当代建筑表现出的不确定性发展方向，建筑空间的创造不仅要容纳明确的行为要求，还应在空间自身可变层次上寻求与动态性行为特征相适应的方式，产生足够适应环境变化的能力。

3）冗余空间减弱了专制、呆板、保守的功能空间对人们精神和情感的压制，接纳精神和情感意识的驻留，使人们在日益复杂与多变的环境中保留了缓冲和回旋的余地，同时缓解了“快节奏”与“空间压缩”所带来的不适。

4）冗余空间可以消除空间信息传递中不确定的部分，可以使整个信息传递过程更加完整和有效。这对于人们体验、感知和理解建筑非常必要，它是对空间中诸多不可预测事件和行为的积极响应。就像布莱恩·劳森（Bryan Lawson）在《空间的语言》一书中所说的：“冗余性不仅对形成建筑风格极为必要，而且也是使空间具有可读性和可理解性的最基本的方法。正如电话线路有干扰一样，我们的视觉世界也存在很多干扰和中断。一个都市空间在理论上也许是完全可视的，但在现实中却通常不是这样。”㊀

人们强调组织与结构在空间运动有机体系中的重要性，却也不能忽视这样一个事实：在建筑空间中不存在一一对应的目的性。记得老师在课堂上提到“冗余空间”这一概念的时候，给我们分享过的一首小诗——《汉乐府·江南》：“江南可采莲，莲叶何田田！鱼戏莲叶间，鱼戏莲叶东，鱼戏莲叶西，鱼戏莲叶南，鱼戏莲叶北。”这首汉代乐府诗格调清新明快，意境优美隽永，让人们感受到一种安宁恬静的情怀。显然这首小诗所传递出的意境，恰到好处地回应了“冗余空间”存在的价值和意义。

㊀ 布莱恩·劳森.空间的语言[M].杨青娟，韩效，卢芳，等译.北京：中国建筑工业出版社，2003:85.

第七节 | 关系场与空间约束力

我一直觉得建筑就是“既分开同时又联系”、具有各种各样距离感的场所。这里的距离感并不单纯指物理上的距离，而是各种相关性。若如此，那么无关的事物之间彼此以毫无关系的形态共存、比邻，这种新的相关性是否可以融入使建筑具有存在形式的一个新的距离感之中呢？我预感它应该是一种关于相关性的新的秩序。

——藤本壮介《建筑诞生的时刻》

空间事件的随机与自相关

客观世界是一个处于运转中的体系，不管是自然界、人类社会，还是意识领域，都有其内在规律性，而这些规律性又往往伴随着客观世界中的一些随机现象。假如客观世界中存在必然发生的事件，也存在着根本不可能发生的事件，那么，随机事件就是介于必然事件与不可能事件之间的现象或过程。科学研究的目的，就是要发现支配事物或事件运转的客观规律，排除随机与偶然性对事物或事件本质的掩盖或干扰。对于空间而言，也存在着同样的问题，在既定的建筑和城市空间中，行为和事件的发生必然伴随着随机与偶然性因素的影响，通常，这些随机与偶然性不是来自于空间中的主导因素，而是未被识别和理解的次要因素。当人们将建筑关注的重心从地域、功能和形式转移到空间、运动和事件以后，就需要竭力去识别和理解那些未被认识或一直都受到压制的因素，发掘那些看似零碎和散乱的次要因素之间，以及它们与空间的关联。

对于空间随机事件的识别和理解能够产生直接影响的是空间自相关概念。空间自相关（Spatial Autocorelation）更多作为地理学的术语被应用，主要是指一些变量在同一分布区域内的观测数据之间潜在的相互依赖性。地理学第一定律（Tobler’s First Law of Geography）指出，地理事物或属性在空间分布上互为相关，存在集聚、随机和规则分布。而这一定律来源于地理学家沃尔多·托布勒[一]的观点：“任何事物都是相关的，只是相近的事物关联更紧密”。

在地理学上，当空间表现出扩散的特征时，说明空间正相关；而当空间具有极化的特征时，则说明空间负相关；而当观测值在空间分布上呈现出随机性时，表明空间的相关性不明显，是一种随机分布的现象。而当笔者将空间自相关概念拓展到建筑领域的时候，却惊奇地发现它的理论和结论也特别适应于空间运动有机理论的研究。在有机空间中，通过对空间自相关的分析和研究，人们同样可以获取空间运动现象在空间上的分布特征，以及空间事件之间的聚集程度。

作为对后现代理念渐失的回应，伯纳德·屈米的设计激发了一种叙述性的氛围，促使空间事件在建筑内部自我组织——尽管在他看来空间和事件在本质上毫无联系。傅考特认为城市中的建筑群不应仅以使用的好坏作为衡量指标，它们之间是否产生不利的影响也是评价标准，屈米认同这一理念，并使自己的作品与这一理念深度结合。这样一来，屈米的作品在行为学上就有了明显的动机，而建筑空间的自由度也得到了极大的加强。随着认识的扩大代替了存在的扩大，通过重新组合序列、空间和文化氛围，屈米引导使用者自发革命性地使用他所提供的空间。另外，一直以来，屈米都对从几何学形态出发进行平面和立面设计的传统方法充满怀疑，他认为建筑不该仅仅停留在关注功能、美学和象征的阶段，它理应借助空间、运动和事件的关联性，去暗示一种区别于以往生活且更有效的方式。这一认识在希腊的新卫城博物馆的设计中得到了完整的体现。

在雅典卫城的脚下，新卫城博物馆可谓是屈米建筑设计的功力之作。这座建筑主要采用了混凝土、大理石、玻璃和钢等传统建筑材料，局部则以玻璃作为外饰。与此同时，它又通过复杂的现代技术的融合来展现雕塑文物、考古遗址和卫城山上的神庙。参观者可以进入到展廊中，也可以在博物馆参观路线中透过其玻璃地板进行观察。另外，该设计的结果也形成了一套无法复制的建筑结构体系，即整个建筑由160多根纤细的混凝土柱作为支撑（每根柱子的位置都经过专家同意以免伤害文物），漂浮在古老雅典城市的遗址上。透过外墙玻璃，身处建筑内部的人们几乎可以从各个角度欣赏城市的美景，也能够仰望卫城山上的神庙。在这里，屈米建立起了一种跨越时空的对话（图3-7-1）。

[一] 沃尔多·托布勒（Waldo Tobler），生于1930年，美国著名地理学家，制图学家。

图3-7-1　希腊雅典新卫城博物馆

蕴含在矛盾之中的微妙自由

通过对空间行为和空间事件的观察、研究和分析，我们会发现，在有机空间中所呈现出的集体规律性与独立事件之间或偶合，或近似，或没有必然联系。这种矛盾的认识看起来很让人困惑，然而，恰恰是这种矛盾性本身催生了空间、运动和事件的微妙自由。另外，作为对空间系统内在矛盾性的回应，冲突与融合建立起了维持微妙自由的两个互化过程。冲突意味着一种对原有秩序的破坏，是对人们日常所熟悉的对称、几何、均衡、和谐和统一等概念的背离，它的发生源于系统的自组织性、内在随机性与偶然性；融合则是对新秩序的重构，它取决于多元进化所形成的新的意识形态，融合就好比人不是宇宙的中心，中心也不是实质性的存在一样。

彭一刚教授在其《建筑空间组合论》一书中这样写道："任何造型艺术，都具有若干不同的组成部分，这些部分之间，既有区别，又有内在的联系，只有把这些部分按照一定的规律，有机地组合成为一个整体，就各部分的差别，可以看出多样和变化；就各部分之间的联系，可以看出和谐与有序。既有变化，又有秩序，这是一切艺术品，特别是造型艺术形式必须具备的原则。"㊀从中不难发现，彭一刚教授对事物中部分之间的差别与联系、整体之中的变化与秩序的肯定。可是如果从事物的矛盾性角度出发，对此理解作出补充和延伸思考，就会发现，对于任何一个时期的艺术形式的判定，首要的依据应该是它与之前占主导地位的艺术之间的不同，强调的是两者之间的差异性，而不是它的稳定性和恒常性。

在空间运动有机体系中，空间对于外界环境具有本能的伸缩性反应，而对于内在的行为和事件来说，它又具有自分离性和自相关性，与此同时，时空也呈现出粘连的状态，维持着一种微妙的自由，介于内部空间的对立和矛盾之间。这些特性是几何秩序和机械秩序的意义所无法涵盖的，是建筑和城市空间适应自然环境的空间运动现象。在有机空间中，身体与行为发生关联和互动所营造出的小情趣，很多时候是以散落的空间陈设为道具，以无意和寻常为背景，譬如一把椅子、一束鲜花、一壶清茶，或是一抹亮色、一段低吟、一股香气等。然而这恰恰就是生命的奇妙之处，人们在无意与寻常之中所发现的这些不一样的风景，反衬出的是空间运动现象之中所蕴含的生命意义。

澳大利亚建筑师格伦·马库特㊁在设计的过程中总是会依据环境去追求一种凝练的合理形式，并凭借一种可调节的灵活性来最大限度地适应并体现环境的微妙变化。受两位艺术家所托，马库特设计了鲍尔·夷斯特维住宅，根据建筑结构布局和环境特征，平面功能的安排潜藏着一种对称性。封闭的书房和卧室位于建筑的一端，另一端是开敞的大平台，这种明确的虚实对比处理，是空间对外界环境所作出的适应性安排。平台与地面、屋顶与天空的交界处，被马库特处理成为一种类似于"羽化"的效果，而配合入口坡道，犬齿交错且轻浮于基岩表面及建筑外墙的波纹板悬置于细小的托梁之上的状态，让建筑与环境之间产生了一种若即若离的微妙之感（图3-7-2）。

㊀ 彭一刚. 建筑空间组合论[M].3版. 北京：中国建筑工业出版社，2008:32.

㊁ 格伦·马库特（Glenn Murcutt），澳大利亚著名建筑师，1992年获得阿尔瓦·阿尔托金奖，2002年普利兹克建筑奖获得者，代表性作品主要有鲍伊德艺术中心、辛普森-李住宅等。

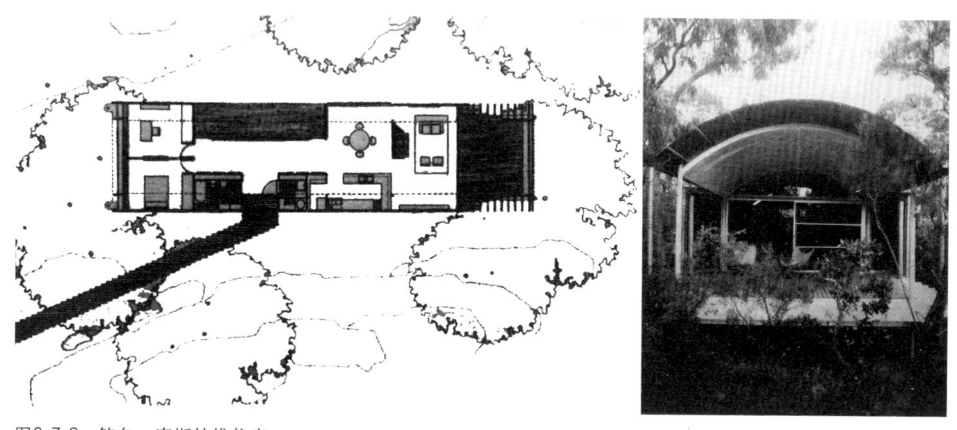

图3-7-2 鲍尔·夷斯特维住宅

介于沉着与诱惑之间的关系场

人类社会本身就是关联性的存在，事物与空间都是在外向的关联中拥有自身存在的意义，任何对外孤立或隔绝的系统都不会获得持续和发展。如霍克斯所说："在任何情境里，一种因素的本质，就其本身而言是没有意义的，它的意义事实上由它和既定情境中的其他元素之间的关系所决定。"对比分析人类文明以来的各个时期的社会、文化和技术，人们可以从中发现制约空间、运动和事件之间的关联性的关键性因素主要有距离、信息和意识，而在当下的信息化社会中，还要加入"快节奏"和"空间压缩"。所以，空间、运动和事件之间的关联性，一直以来都是空间运动有机理论关注的核心内容。

其实，任何系统都存在着围合的关系场，这些关系场时时都处于关联和变化之中，它不存在重复性和恒常性。这对于建筑和城市空间具有相同的意义，它让人们所赖以存续的空间更具生机和活力。在有机空间中，介于沉着与诱惑之间的关系场充斥着整个空间，它能够影响空间行为和空间事件的发生，并包容空间、运动和事件之间的关联性的交织，作为客观存在，它不具有形而上的神秘力量。通常而言，相邻的关系场又呈现出排斥与同化的互逆过程，为了维持这个互逆过程的稳定，空间约束力在空间运动中发挥着钟摆式平衡锤的作用。因为每一个相对独立的空间层次都存在着某种局限性，每一个空间事件都存在着含糊性，所以，关系场的存在对于空间而言意义重大。

矛盾之中的微妙自由强化了事物和事件的原初性，而关系场却使得空间形态与事物本质之间的联系为人所认识和理解。其实，每当空间运动现象与原初性联系到一起的时候，隐含于空间中的逻辑同过去的联系都会被放大。路易斯·康是从历史走来的现代建筑大家，他认为建筑艺术应当追寻一种超越时代的神韵，即他所谓的开端——历史的第零卷，以静谧跨越阴影的门槛，走向光明，从而获得建筑的形式，这个“形式”不是有形的，它是某一建筑物应当具备的，也是该建筑物所期待的。而作为回应，在他的建筑中，历史的痕迹总以某种与现代手法区别性的方式存在，比如耶鲁大学美术馆的扩建建筑。该建筑作为一个扩建工程，康采用了一个与旧哥特式美术馆大致相同的体量，并在中间用一个较小的体量作为廊道连接新旧建筑，其中，嵌在圆柱形混凝土筒中的外轮廓呈等边三角形的铁质楼梯具有显著特征。而富有传统韵味的砖砌立面和大胆简洁的钢结构与玻璃幕墙，既与历史相互呼应，又打破了传统的束缚，突显着现代气息（图3-7-3）。

图3-7-3　耶鲁大学美术馆的扩建建筑的内部空间及铁质楼梯

另外，在该建筑中，康提供了平面可以由建筑空间和服务空间填满的可行性建议，“服务”与“被服务”空间之间的理想关系已经有了较为清晰的区分，在康看来，两者应该相互独立，并通过有组织逻辑的结构和机械系统连接起来。可以说，这让整个空间显得沉着、静谧、神圣，而又充满诱惑性。

原生性的空间约束力

真正的建筑起源于人类社会共同的精神诉求，起源于那些为了宗教和仪式而进行的营造活动，譬如希腊的帕特农神庙等，主要用来供奉和祭祀城邦的守护神雅典娜。这种对宗教精神性空间的强调，在随后的早期基督教、罗马风和哥特时期的宗教建筑中都得到了强化，特别是哥特时期的宗教建筑空间，将这种精神诉求扩展到了整个聚居地。这些空间的秩序性并不单纯，也不是本身的几何关系所能定义，它们遵循着空间对神性的体验，延续着原生性的空间约束力。

在东方，最能体现这种原生性空间约束力的建筑当属北京的天坛，它作为中国现存古代建筑中一处有着极高历史、文化和艺术价值的庙坛建筑群，以严谨的建筑布局、奇特的建筑构造和瑰丽的建筑装饰著称于世。它分为内坛和外坛，主要建筑物在内坛，南有圜丘坛、皇穹宇，北有祈年殿、皇乾殿，它们由一条贯通南北的丹陛桥相连。天坛不同于西方宗教建筑的幽暗与神秘空间，它作为开敞性的仪式空间，注重天、地、人、神的空间沟通，这种空间的约束力更具原生与源发性特征（图3-7-4）。另外，伊势神宫作为日本神社的代表性建筑，是日本宗教建筑中最古老的类型，它的建筑主要采用了日本最古老的木造建构形式，是神宫特有的形式，更是神道建筑物中最纯粹和最朴素的形式。透过芳香的桧木和屋顶的萱草，伊势神宫向世人传递着一种原生性信仰和神秘力量，它来自于生命深层的欢愉和恐惧（图3-7-5）。

对于宗教与艺术的关系，巴拉干认为："不承认宗教的精神作用，不承认其引导我们创造艺术现象的神奇力量，就不可能理解艺术和它的光辉历史。"确实，相比于当今的建造技术，传统的建筑在规模、体量、形式和技巧等很多方面都不占优势，但是传统建筑空间中所传达出的生命讯息，却是当今建筑所缺乏的。在传统空间及其负载的文化特征日渐瓦解的今天，与其相关联的一些艺术和历史信息也一同被掩埋。实际上，真正的建筑作品需要脱离集体经验的范式约束，在人生原初的生命意识中索求答案，让通灵的体验与孤寂的情感一同在建筑实体的凝聚中得到显现。安藤忠雄曾说过："对于建筑师而言，像教堂这种超越单纯功能性而精神上的表现备受期待的建筑，是自我思想层面上的重大挑战。"

图3-7-4　北京天坛祈年殿

图3-7-5　日本的伊势神宫

人们在宗教建筑中所能够感受到的强大空间约束力，实际上是基于关系场施加于空间行为和空间事件之上的作用，空间约束力与关系场之间具有某种对应和契合关系。在静谧与幽暗的语境下，这种关联关系会被放大，并逐渐与空间行为和空间事件产生和鸣，在围合空间中形成或近或远的原初性回响。路易斯·康的建筑空间虽然看上去带有些许粗犷，但这似乎是康所着力表明的一种态度，康回归到了人类活动对空间需求的本质，而尽量在建筑中将这种本质表达出来，这就是最初的声音（图3-7-6）。

康在设计中寻求“开始”，他希望每一个经手的设计都是一类建筑的“开始”。人们最熟悉的莫过于他时常提及的第一所学校的例子：“学校开始于一个站在树下的人，——空间很快形成了，而第一所学校也开始了。学校的建立是不可避免的，因为它是人的要求的一部分。我们现在归于学院的庞大的教育体系，就来自于这小学校，但是它们精神的起源现在被忘记了。我们的学院教学所要求的空间僵化而毫无创意。”㊀后来他又补充说：“因此我相信建筑师在某种程度上必须回过头去聆听最初的声音。”

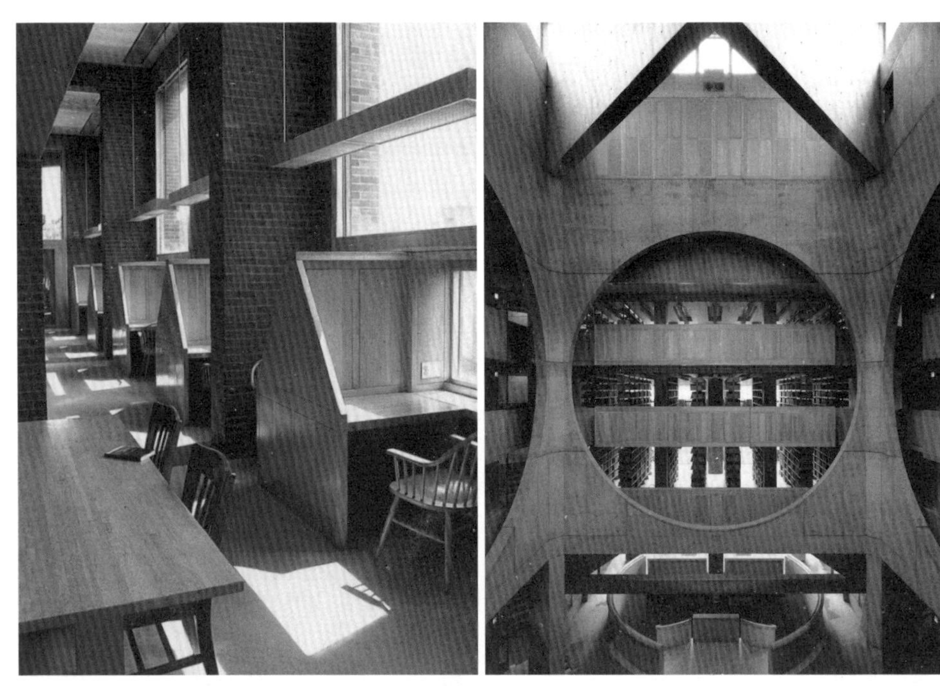

图3-7-6　路易斯·康设计的埃克塞特学院图书馆的内部空间

㊀ 戴维 B. 布朗宁. 路易斯 I. 康：在建筑的王国中[M]. 马琴，译. 北京：中国建筑工业出版社，2004:102.

原生性是建筑空间的一种气质，它关联着空间与人们的内在情感，空间行为和空间事件也会在这样一种原生性气质的引导下被度量，被表达。显然，康的建筑空间被赋予这种原生性的气质，并在空间的临界状态或行为的临界点上发散开来，而这也是人们为什么总会在康的建筑空间中，被那些源自生命的表达和最为本质的东西所感动的原因。

耗散理论与临界状态

1969年，比利时统计物理学家普里戈金[一]在理论物理与生物学国际会议上提出了耗散结构这一概念。概括而言，耗散结构是指处在远离平衡态的复杂系统在外界能量流或物质流的维持下，通过自组织形成的一种新的有序结构。这是普里戈金学派20多年从事非平衡热力学和非平衡统计物理学研究的成果。普里戈金在研究偏离平衡态热力学系统时发现，当系统离开平衡态的参数达到一定阈值时，系统将会出现“行为临界点”，在越过这种临界点后系统将离开原来的热力学无序分支，发生突变而进入到一个全新的稳定有序状态；若将系统推向离平衡态更远的地方，系统可能演化出更多新的稳定有序结构，普里戈金将这类稳定的有序结构称作“耗散结构”。

耗散理论，即耗散结构理论，是研究远离平衡态的开放系统从无序到有序的演化规律的一种理论。在复杂系统的自组织问题上，人们发现有序程度的增加往往会随着研究对象的进化过程而变得复杂起来，并产生各种变异。耗散结构理论把复杂系统的自组织问题作为一个全新的方向进行研究，针对进化过程中时间与方向等不可逆问题，普里戈金借助热力学和统计物理学，通过耗散结构理论进行研究，提出非平衡是有序的起源的观点。

后来，普里戈金又在《从混沌到有序》一书中指出，“一个系统如果没有物质和信息与外界不断交换，则成为封闭系统，从动态角度分析，其熵值在不断增长，从而最终衰亡；只有系统开放，不断与外界进行物质、能量和信息的交往，才能维系系统。”在关系场和空间约束力的相互复合作用所形成的动态模式下，不可避免地存在混沌与不确定性，有机空间的秩序性并不排斥这种临界状态下的混沌与不确定性，相反，恰恰是这种临界状态的存在，反衬着人类初始情感的神秘性、复杂性和多变性（图3-7-7）。

[一] 普里戈金（L.Prigogine，1917—2003），比利时物理化学家和理论物理学家。生于莫斯科，1929年定居比利时，1953年当选为比利时皇家科学院院士。1967年当选为美国科学院院士。长期从事关于不可逆过程热力学（也称非平衡态热力学）的研究，60年代提出耗散结构理论，获得1977年诺贝尔化学奖。

图3-7-7　自然界中的混沌与有序

建筑空间的分化不可能无休止或无穷尽，它存在一个临界点，在这个临界点上，空间既获得了自由的释放，又保持了空间原始的特质或神性。如果人们将空间的分化过程比作一条开口向下的抛物线，随着空间的分化趋于任性的程度，空间对于“人性”的关注就会跨过临界点，顺着抛物轨迹急速下坠。当然，要确认空间分化的临界点并非易事，对于建筑和城市空间的表达，即使伟大的建筑师也要反复斟酌和比对，并在预设的模型空间中观察、分析和研究空间运动现象，从中挖掘一切细化的可能，最终将空间的自由性界定在行为与和事件相吻合的状态下，获得一种相对稳定的动态秩序关系。与此同时，随着空间事件的发生和内外空间环境的变化，关系场和空间约束力都将达到一种临界状态。

笔者强调临界状态，并非在模糊概念或者制造悬疑，而是以一种历史性和共时性并存的非线性科学思维来审视问题。从人类的研究成果来看，物理的、社会的和精神的实在都表现出了复杂与非线性特征，它所要达到的空间效果是传统欧几里得几何学所无能为力的，它被称为描述大自然的几何学。它主要是通过对自然的、生态的模仿来达到与自然的和谐，或者说是对世界非平衡态的深刻诠释。

蓝天组将建筑视为“一种没有目标的结构”，强调建筑的自组织性，并且坚定认为传统预见性的城市规划和设计方法都已无法应对如此复杂的现实生活。所以，蓝天组在实践中，为了追求全新的体验和视觉刺激，不遗余力地将原本完整的、简单的建筑进行“体量解构”，把拥有个性的元素解放出来，以不确定的方式进行组合，使它们处于多元、异质和不确定的复杂状态之中，从而消解建筑的传统美学形式。蓝天组的建筑形态和空间组织总是表现得错综复杂和变幻莫测，复杂状态中的元素既不对立又不统一，看似无序的组合却又常常构成新的动态“体量”，建立起复杂的动态“平衡”，并在稳定中孕育变化。不确定、无中心、无界限、冲突、非调和和戏剧化等，都是蓝天组对于变化或者不可预见性的最好诠释。在蓝天组设计的屋顶律师事务所项目中，倾斜的透明玻璃和交叉的金属代替了黑色的瓦屋面，开放代替了封闭，分裂代替了完整，交叉的线条突破了屋顶的固有界限，显然，空间和视觉感受在这里得到了重新定义，犹如浮云一般轻盈和迷人（图3-7-8）。

图3-7-8　蓝天组设计的屋顶律师事务所建筑外观及内部空间

第八节 | 空间失焦与模糊界面

轻盈感的意思是用很少的材料创造尽可能多的东西。营造一种透明感的想法几乎是暗示人的一种更加人性化的行为……而且透明感，从通透的意义上看，是街道与建筑物之间你中有我，我中有你的感觉。

——伦佐·皮亚诺《普利兹克建筑奖获奖建筑师的设计心得自述》

空间异化、失焦与失真

伴随着社会结构和城市模式的急剧变化，全球性的消费文化逐渐展现出一种主流文化态势，空间本身也演变成为使用功能与交换价值相统一的特殊消费品。与其他商品一样被抽象化和符号化，异化为亨利·列斐伏尔[㊀]所说的抽象空间，并在生产和消费的过程中被资本所控制。而随着建筑和城市空间割裂和异化的日益加剧，短暂化、瞬时性、复杂性、多元化和不可预知性渐渐取代了人们对空间的传统认识，使得人们曾经熟悉的城市和街道，也都失去了参照。显然，建筑和城市空间正在向一个更加开放和宽泛的领域扩展，伴随着流动、模糊界限、时空压缩和信息的饱和，并与异化、失焦和失真同步。就像让·鲍德里亚所认为的那样，在现代消费社会，“所指的价值”取消了，符号形式所指向的“真实”的内容已经荡然无存，符号只进行内部交换，不会与真实互动。

人们无力改变社会前进的方向，也不能无理地指责社会的时代性特征，更不必像鲍德里亚那样过于悲观，毕竟人们还生存在现实的社会中。然而，人们对于空间的体验和感知却有必要基于异化、失焦和失真的时代性展开。因为一直以来都处于统治地位的

㊀ 亨利·列斐伏尔（Henri Lefebvre，1901—1991），法国思想家，新马克思主义的代表人物，是西方学界公认的“日常生活批判理论之父”。主要著作有《辩证唯物主义》《日常生活批判》等。

中心或者焦点，在今天复杂多变的空间中开始被瓦解，在空间运动现象中，空间行为和空间事件是主角，它们都是瞬时可变的因素，所以，人们要在空间运动有机体系内维持一贯的视觉和知觉聚焦是不现实的。正如德里达所言："人们一直都认为，中心本质上是唯一的，他支配着结构，同时又逃避结构性，正是由于这一点，传统的结构观认为中心既在结构之内，又在结构之外。然而中心既然不属于总体性，那么总体性的中心就在别处，这样的中心就不成为中心了。"而彼得·艾森曼也认为，在今天错综复杂的社会中，这种中心、统一的视点是不可能的。

具体而言，对于空间失焦的理解主要包括无焦点、多焦点和动态焦点三个层面。无焦点的空间会呈现出空间组织和结构上的松散，以及逻辑上的错乱。比如无焦点的绘画空间，通常会夸大视觉的距离感、线条的粗细浓淡和虚实的对比处理，从而让真实的物体若隐若现地消退在空间中；多焦点打破了传统的空间概念，在多维度上表现出内在的、视觉所看不到的结构和场景，是对不同深度和层次的空间呈现；动态焦点则是建立在空间形式的解体，取而代之的是非逻辑性的动态结构和节奏。杜尚曾说："我想创造出一个固定在运动中的形象，在运动中我们弄不清是否一个真实的人类在一个同样真实的楼梯上，从根本上说，运动是对于观众的眼睛而存在的，是观众把运动和绘画结合在了一起。"（图3-8-1）

图3-8-1 杜尚创作的《下楼的裸女》中所表达的动态焦点和运动形象

聚焦与开放性存在着某种程度上的背离，而信仰的失落与心灵的解放却存在着某种程度上的一致性，所以，当空间的失焦和失真成为常态，空间行为和空间事件的真实性都会让人们产生疑惑和疑虑，而空间失焦也必然伴随着某种信仰的失落，这在超现实主义绘画艺术，现代主义、后现代主义和解构主义建筑空间中都得到了清晰的印证。

20世纪超现实主义绘画大师杰昂·米罗㊀的空想世界非常生动，他对于有机物和野兽，甚至于那些无生命的物体的表现，都一样饱含热情与活力，他让稚拙朴素的表现盖过人们的真实所见。米罗的画作同样强调点、线、面的结合，却是失真而无立体性，失焦而无透视感的，并透射出一种异化的心理。比如在《静物和旧鞋》中，形象都是明确的，有旧鞋、酒瓶、插进叉子的苹果，还有一端变成一个头盖骨的一条切开的面包，所有这一切都被安排在一个捉摸不定的空间里，色彩、黑色和凶险的形状令人厌恶。这件作品并不是特别的象征，而是反映了米罗对发生在他所热爱的西班牙的事变的痛感和厌恶之情，他是以物体、色彩和形状来声讨腐朽、灾难和死亡（图3-8-2）。

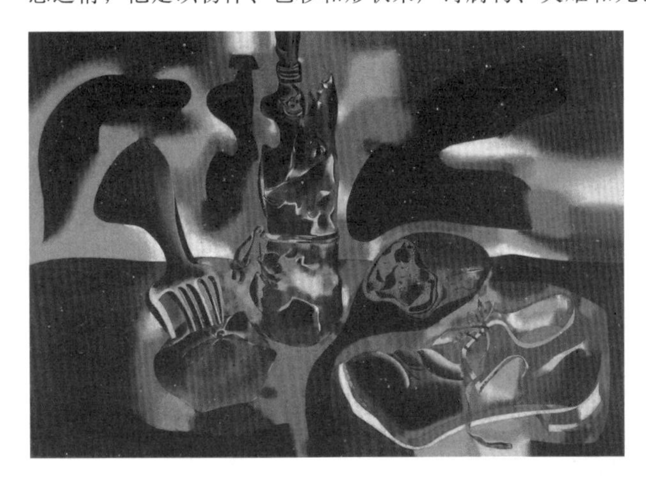

图3-8-2　杰昂 · 米罗创作的《静物和旧鞋》中所投射的异化心理

不确定性与大都会文化

空间的异化、失焦和失真也映衬着人类自身不安分的本性，人类是热衷于追求不确定性的动物，但又总是试图通过其他途径来降低事物的复杂性，增强其确定性，以此对抗随时而来的不确定性的发生。譬如文化的创造、建筑的搭建和城市的开辟等行为，都充分暴露了人类自身的矛盾性和游戏心态。文丘里热衷于在盛大的背景下将联系和同化

㊀杰昂·米罗（J. Miro，1893—1983），出生于西班牙，20世纪绘画大师，超现实主义绘画的伟大天才之一。

合为一体，使建筑以一种和谐的方式与当地的环境相得益彰，而不会因为已有的目的而忽视四周的环境，他曾说："我喜欢建筑的复杂性和对立性，这建立在近代观点的模糊性和丰富性中，还包含在与艺术的联系之中。"并强调说："建筑学应该涉及建筑的社会和历史之间的关联。"

文丘里在《建筑的矛盾性与复杂性》一书中这样描述"建筑的不定性"："无疑，意义的复杂及其引起的不定和对立，早已是绘画的特点，并在艺术评论中被普遍承认。抽象的表现主义承认感觉的不定性，而光效应艺术的基础则是有关形式和表现的多变的并列和不定的双重性。波普画画家也运用不定性来创作与通常见解对立的内容，并探索感觉的可能性。""在复杂和矛盾的建筑中不定和对立无处不在。建筑是形式又是实体——抽象的和具体的——其意义来自内部特点及其特定的背景。"㊀

库哈斯对于"不确定性"的理解主要来自于他对社会和文化的关联性认识。库哈斯在《疯狂的纽约》中注意到了建筑物外在严肃和内在功能之间的"不确定性"关系，库哈斯将这种"不确定性"归结为"大都会文化"，而"大都会文化"也成了后现代文化中的一种典型代表。

库哈斯意识到了建筑功能的"不确定性"，随后在建筑实践中，发展了相对成形的"不确定性"的设计方法。在设计中，库哈斯并不把创造看作是分析和设计的结果，而是强调分析的过程就是创作，他的建筑形式虽然没有脱离现代建筑的基本造型原则，但是他却在功能上实践着一次又一次的颠覆。库哈斯在现实给定的条件下积极地寻求突破，换位思考，以及调整原有的方式方法，他很少在实践中表现出与现实的正面冲突和对抗，而是从内部进行改变，跳出思维的惯性，与此同时，库哈斯强烈的变革精神和叛逆个性，也让他的建筑充满了独特的激进气质。库哈斯在普利兹克授奖仪式上曾郑重地讲道："如果不停止对真实的依赖，并且重新将建筑视作一种思考问题的方法去思考从政治层面到实际层面的所有问题，如果不将我们自己从永恒中解放，去思索值得关注的和正在发生的新问题，例如贫困、大自然的消失等，建筑学也许将不会延续到2050年。"㊁

这是库哈斯对建筑"不确定性"理解的一种概括，也是他对建筑发展的一种预见，他将建筑本身作为一种突破既定理论框架的思考，涵盖了社会、城市、文化、历史、科

㊀ 罗伯特·文丘里.建筑的复杂性与矛盾性[M].周卜颐，译.北京：知识产权出版社，中国水利水电出版社，2006:20.

㊁ 刘松茯，孙巍巍.雷姆·库哈斯[M].北京：中国建筑工业出版社，2009:38.

学和虚拟世界等可接触到的所有方面的内容，正是这些反思构成了库哈斯与众不同的理论基础。在美国著名的建筑评论家杰弗里·凯布尼斯（Jeffrey Kipnis）看来，库哈斯之所以会成为当代西方建筑界里的旗帜性人物、极具影响力和争议性建筑师，主要是源于库哈斯在建筑哲学思想方面的积极探索，以及他对建筑本质的全面思考。

被誉为“本时代修建的最重要的新型图书馆”的西雅图公共图书馆，就是库哈斯对于“不确定性植入确定性的建筑”的回应。他通过对图书馆形制的深入反思，对空间布局提出了针对性的策略，实现了对传统图书馆从形式到内容的全面颠覆，而这也实现了都市建筑空间与媒体虚拟空间的真正结盟。库哈斯界定信息时代的图书馆，不仅仅是关于书本的文化机构，同时也是所有新旧媒体共存、互动的场所。显然，在这个项目中，库哈斯实现了创造出一种新的建筑概念的尝试，即将真实世界空间中激动人心的特质与虚拟空间中组织结构的清晰性结合起来（图3-8-3）。

图3-8-3　西雅图公共图书馆外观及内部空间

空间渗透与原型消失

日常之中，人们自身时常会被淹没，淹没在操劳、妄想、虚荣、苍白、低级和无趣之中，或者淹没在铺天盖地的信息里，淹没在嘈杂与迷惑之间。这种“淹没”实际上是渗透行为的一种必然结果，因为渗透无处不在，且伴有随机和不可预知性，当然，其作用的结果还取决于渗透强度这个主要参数。那么，渗透的结果是什么呢——嬗变还是死亡！这是世界上所有事物发展都无法逃脱和逾越的结果。

渗透作用是跨领域的，既存在于事物的差异化之间，也存在于世间万物的交错之间，同时它又是对差异化的超越，对时空界限的超越，并且在渗透的过程中表现出一种潜移默化的力量。总体而言，渗透作用主要包括主动渗透、被动渗透和反渗透；而从表现性层面来讲，它可划分为浸入式渗透、隐性渗透和自我消解等；从趋向性层面来讲，它又可划分为正向渗透、逆向渗透、集结性渗透和扩散性渗透等。渗透作用突显的是一种碰撞和思考的核心议题，它蕴含着无限的可能，而所有这些对渗透作用的理解都需要基于敏锐的观察、细心的体会和对细节的准确把握。

然而，在空间运动有机体系中所着力强调的“有机渗透”，并不是指代简单的渗透作用，而是与空间运动现象相对应的空间作用方式。在空间运动有机渗透的过程中，事物之间消解了界限，并在相互碰撞和吸收的过程中，实现了对差异化的超越。如果延伸其意义的范畴，可以扩展到自我与世界内外的关联之中，实现生命的真正融合与延续。

在自然界中，根本不存在完全相同的事物，事物之间的差异化始终都会存在，当人们试图去超越某种差异化的时候，有机渗透的作用就会显露无遗。其实，整个世界都是一个共生体，从统一性的角度来理解，外部世界可以视为人类身体的延伸，人类的生命存在于真实与虚拟的网络之中，它的存在并不孤立。当然，这个“共生体”是一种动态体系，其中渗透着错综复杂的组织关系，比如人与自然的共生、人与技术的共生，以及技术与自然的共生等，它们都是渗透与反渗透的过程。在所有这些渗透关系中，最为核心的是人与自然、人与社会的关系，以及由此延伸出的各种可能。有机渗透的概念区别于黑川纪章在共生理论中所主张的“圣域论”，因为事物之间的共存远远不够，它们还需要共栖，相互渗透和相互作用（图3-8-4）。

人类与周围客体之间的关系已经发生了根本性的转变，人们所熟悉的稳定的状态很难再得到维持，传统的欧几里得几何体系也不得不面对越来越多的不稳定和不确定性。现在不管多么复杂的建筑形式都能够在“动态”思维的路径下得到解决，结果也不再是

图3-8-4 黑川纪章设计的福冈银行本店外观及内部空间

具有决定性意义的形式原型，原型的消失意味着通过相似形式找到空间解决办法的时代结束了，而有机空间就是这种隐性渗透关系下的延伸产物。在空间运动有机体系中，人们可以建立模型，设置场景，强化模糊性，使参与者的注意力更加集中于自身的感受、存在的感知和行为的理解上面。而当人们尝试着让自己的意识在各学科之间自由地穿梭的时候，就会发现它们的存在能够营造一种含糊而又微妙的平衡。

模糊界面与暧昧空间的互动

伴随着建筑和城市空间的分化，解放和扩张的过程，具有控制性和统治力的焦点或者中心正在慢慢地溶蚀，所谓的中心与边界概念也都渐渐被赋予了模糊性特征，空间的界面犹如一层薄薄的面纱，内外空间的渗透与交融逐渐成为了常态，在内外空间运动现象中所泛起的暧昧的味道也就越来越浓，这是建筑和城市空间有机秩序的回归，或许就在此时此刻，人们又真的听到了“风声、雨声、读书声，声声入耳”，感受到了“家事、国事、天下事，事事关心”（图3-8-5）。

当人们镇定内心，敞开视界，穿透空间运动现象的时候，人们对于建筑和城市空间的认识是不是会有所改变，对于空间的设计操作是不是还会像以前一样强势呢？答案显然是“模糊”的。“模糊”属于建筑现象学范畴下的概念，它所描述的是一种状态，它的存在不代表立场，可以是积极的，也可以是消极的；可以是正面的，也可以是反面的；可能是对旧式冲突的消解，也可能是对新式力量的孕育。

图3-8-5　MIHO美术馆中内外空间的渗透与交融

那么，建筑中的空间界面究竟是什么呢？是空间中的一排柱子、一堵墙、一扇窗；还是墙壁、台阶和栅栏；是地面、天花和烟囱，还是道路、蓝天和白云；抑或是外部空间中那些纷繁杂乱的事件，是人们内心意识中某些根深蒂固的东西。空间界面就好比人们的身体，都是自然关系场中的重要组成部分，是内外空间的信息交流和能量交换的主体媒介，当空间界面逐渐趋近模糊或透明，建筑就将获得最大程度上的开放，而人们对于建筑空间的体验也必然随之得到拓展。

妹岛和世与西泽立卫的设计确实非常让人感到疑惑，他们的设计作品本身并不复杂和难以理解，也没有过多的修饰和层次划分，看起来都是如此的纯粹、轻盈和简单，但是，它们却又总是能够散发出极致的魅力，其不可捉摸的深度耐人寻味。通过细心的观察、体验和感知，我们可以发现妹岛和世与西泽立卫的作品中存在着一条模糊的界线，它主要来自建筑中广泛使用的透明或半透明物质，以及其他一些尽可能轻巧的材料，并运用这样的材料来构筑空间，使其产生意念交错的感觉。另外，两人还在设计中将光线透过透明或半透明的物质，创造出一种轻柔和氤氲的氛围，这与实际生活中弥漫的电子媒体时代的虚拟世界的“不确定性”融为一体，把人们从对于空间的惯有体验和透视感中解放出来。在这里，建筑成为了一个自组织的完善系统，在内部空间中发生着各种各样的行为和事件，当各个区域是透明或者半透明的时候，它就使得建筑拥有了一种特殊的气质，这不是外部环境所能赋予的。妹岛和世曾说过：“我所经历的是设计过程本身和在寻找过程中无数的可能性，对我来说，设计就是一个不断接受的过程。”

妹岛和世与西泽立卫设计的建筑中的透明、不确定性和模糊等建筑概念主要是受到库哈斯和伊东丰雄的影响，但是他们思想的成熟则主要源于自身对人性的深刻理解和领悟，他们抓住人性的某一特定欲望进行放大，从而使得整个建筑的空间组织都呈现出一种功能上的同构性。而这正是他们在“不确定性”和“模糊”等概念的理解上与库哈斯和伊东丰雄最大的不同。另外，他们也接受了能够带给人们内心独特感受的禅宗文化做基底，就像他们时常在公共空间中所营造出的冥想空间一样，而轻盈、透明、白色和超薄等都成了烘托这种冥想空间的手段。

妹岛和世与西泽立卫设计的美国俄亥俄州托莱多艺术博物馆玻璃展馆，作为一个小型的博物馆，主要用来展览玻璃工艺品。这个建筑选定透明，且具有反射能力的玻璃作为主要材料，主要目的是让各个空间在相互连接的同时，又好像相互分离，带来了一种模糊而又神秘的体验，一种与暧昧空间的互动。建筑的两个入口相互分离，由一条长长的曲线覆盖，并成为一条长廊。玻璃曲线缓和地沿着外侧延伸，既为室内带来了充足的光线，连通了室外的自然景观，同时也创造了轻盈、透明、宁静与幻化的空间（图3-8-6）。

图3-8-6　美国俄亥俄州托莱多艺术博物馆玻璃展馆

去重量感

长时间以来，建筑的体积感、厚重感既是人们追求的方向，也是各种局限性因素影响的结果，对于传统建筑而言，消解重量感的方式好像只有“光”这种单一的手段。然而，随着信息化和消费文化的盛行，以及建筑空间失焦与界面模糊的共同影响，对于建筑重量感的消解变得轻而易举，并让建筑呈现出了轻盈的体态和丰富的变化，而成为新的时尚。

伊东丰雄抓住了信息社会的实质，针对信息社会提出了自己的建筑理解和主张。

在伊东丰雄看来，“建筑”早已沦为快速城市化的代谢物。他曾强调说：“我经常说‘floating’（漂浮的、浮动的、流动的、不固定的）并不仅仅是描述我在建筑上想要达到的一种轻盈、无重量感，还传达着一种我们的生活正在与过去失去联系的观点，生活正在变成一种伪体验。而这正在成为一种被这个消费社会所鼓励的趋势。建筑自身正快速地变得更影像化，或者说是有导向的消费品。”㊀

伊东丰雄的建筑哲学是从自然界中飘忽不定的“风”开始的，风的最大特点就是轻盈、自由、流动和易变。伊东丰雄提出“风的建筑”，认为建筑应该像风一样轻快，飘浮在空气中，几乎没有物质性，没有明显的重量感，它是不定型的。他还将建筑视作一种不稳定、虚构和瞬间即逝的表达，而不是人们对于建筑惯常理解中的稳定和永恒。在他的建筑中崇尚一种流动性状态，空间被渴望成为一种液态、柔软与可变的生成，并随着时间的流逝，自然而然成为人们行为持续发生的场所。伊东丰雄的建筑作为开放的系统，其自身的界限不断地震荡，边界演变成为一层可渗透的膜，它不再将室内与室外截然分开（图3-8-7）。

图3-8-7　伊东丰雄设计的“风之塔”建筑

㊀ 大师系列丛书编辑部.伊东丰雄的作品与思想[M].北京：中国电力出版社，2005:14.

显然，风的概念是与建筑的物质性和重量感相对立的，并伴随着模糊与不确定性。伊东丰雄的“不确定性”主要表现在建筑对轻型材料的使用，从而塑造出建筑的轻盈和漂浮感。起初，他的研究停留在对“不确定性”的理解，也就是仅仅局限在建筑形式的“不确定性”上面，后来，他才逐渐深入到对“半透明性”的理解中，而这一转变却实现了他对形式“不确定性”理解的飞跃。

在1984年获得了日本建筑家协会新人奖之后，伊东丰雄的事业渐入佳境，他个人的建筑思想也日益成熟，开始追求临时性、轻盈感和流动性，如同地心引力消失的漂浮感。在20世纪80年代他所设计的银色小屋和风之塔中，带有暧昧与模糊感的穿孔铝板被大量运用。当人们模糊的想象和思索穿越这些穿孔的金属表面时，一种暂时的感觉被半透明状态的建筑具体化，而这恰恰契合了大都市中存在的模糊状态。这是伊东丰雄对现代社会的消费化、暂时性和资讯化所作出的积极回应，他寻找到了一条在这种状况下表达建筑的独特方式。

在欧洲，让·努维尔是较早研究并实践“消解物质性”的建筑师之一，他的设计理念也同样是基于玻璃等透明和轻盈的现代材料的使用，并以此赋予建筑体量和形态以消失的特征。界面模糊的塑造让空间渗透成为一种常态，并使得建筑在空间透视中，在地平线上的消失成为一种诱惑。从卡迪尔基金会现代艺术中心到科尼亚克·热基金会敬老院扩建，从无限塔方案到阿格坝大厦等，让·努维尔都在试图借用当代的技术手段，支配建筑重量感和消解建筑的物质性，以此来塑造兼具轻盈与魅惑的空间形态（图3-8-8）。

图3-8-8　阿格坝大厦外观及内部空间

第四章 | 空间运动的指向和意义

第一节 | 从单向排他到暧昧包容

20世纪的建筑是作为独立的机能体存在的，就像一部机器，它几乎与自然脱离，独立发挥着功能，而不考虑与周围环境的协调；但到了21世纪，人、建筑都需要与自然环境建立一种连续性，不仅是节能的，还是生态的、能与社会相协调的。

——伊东丰雄《伊东丰雄的作品与思想》

非连续语境与单向秩序的悬置

长期以来，人们对于空间的认识经历了一个分化、解放和扩张的过程，但是，在分化和解放过程中，人们的思维范式却始终都没有超越单向化与排他性特征。在认识论中，单向化与排他性思维范式所遵循的是一种"主客二分"的假设性前提，所谓的主客关系主要表现为一种形而上学的态度，在主客体之间维持着一种简单的、孤立的和静态的主从关系。这种关系在人类与自然之间表现得尤为明显，人类把自身的存续发展作为自然的对立物，将自然视为人类的附庸，在人类自身的存续面前，一切的牺牲都是可以被接受的。然而，这样的一种思维范式恰恰证明了人类是将自身置于非连续的语境之中的，否认自身与自然都是有机体系的组成部分，却不想那些与自然对立的、令人眼花缭乱的技术正在挤占人类越来越多的生存空间，干扰并侵蚀着人类正常的生活状态，加上为了利益争夺而硝烟四起的空间纷争，所有这些都让人类所赖以存续的空间承受了阿喀琉斯之踵，而自然生态的失衡更会迫使人类自身不得不面对残酷的生存危机。

很显然，单向化与排他性思维范式是"几何秩序"与"机械秩序"阶段所对应的一种纯粹理性，它以明显的功利性为初衷，以算计和实现价值增值为最终目的。如果从更加宽泛的角度来审视这种单向化与排他性思维范式，人们会发现一直以来被人们操纵的建筑和城市空间正在割裂我们与传统文化和历史的关联，而建筑和城市空间则日渐沦为人们追逐物质增长和经济利益的工具或杠杆。

在单向化与排他性思维范式所遵循的“主客二分”的假设中，主客体之间存在根本的不对等关系，主体占据着主导性和支配性地位，客体则扮演着从属与被支配的角色。这种“主客二分”的不对等关系本身，决定了该范式无法从根本上揭示事物交互作用背后的事实和真相。所以，在单向化与排他性思维范式下，社会中个体的生存状态很容易被看低和忽视。然而，当人性得不到抚慰，危险关系却在持续蔓延的时候，接纳这些个体的建筑和城市空间也必然会出现越来越多的矛盾和冲突，随着这些矛盾和冲突的不断升级，势必进一步加剧人类社会在发展过程中所面临的困境。

2013年7月，素有“汽车之城”美誉的底特律市正式申请破产保护，成为美国迄今为止申请破产保护的最大城市。底特律是美国密歇根州最大的城市，鼎盛时期的底特律人口超过180万，曾是美国最大的城市之一。事实上，底特律市的危机由来已久，特别是随着制造业企业逐渐迁往墨西哥甚至中国的城市，直接导致制造业相关就业机会的急剧下降，城市税收的持续降低，进而让底特律市陷入严重的财政危机。而与此同时，底特律的城市治安声名狼藉，种族问题依然突出，这又促使更多的居民搬出底特律市区。显然，底特律市的危机是几十年城市产业结构单一、就业人口不断外迁的必然结果。现在，底特律已经成为全球因单向化与排他性思维而导致衰退的经典案例，如果要深入追问它的“死因”，简·雅各布斯[1]的《美国大城市的死与生》一书应该能够提供一些明确的线索（图4-1-1）。

图4-1-1 处于破产窘况下的底特律的城市景象

[1] 简·雅各布斯（Jane Jacobs，1916—2006），美国杰出的作家、学者、社会活动家，是过去半个世纪中对美国乃至世界城市规划发展产生重大影响的人士之一，主要著作有《美国大城市的死与生》《生存系统》等。

可以说，在单向化与排他性思维范式下，人类社会和空间状态呈现出一种由非连续语境所创建的单向秩序，长期以来由此而形成的自闭处境，以及充满局限性的空间观念严重桎梏了人们对于空间的理解，在更加开放和讲究人性的社会体系中，它必然遭到悬置。显然，这样的一种认识论与空间运动有机体系所倡导的平行关系是背道而驰的，也与我们现阶段及以后所要面临的“网络化”空间扩展过程无法契合，因为我们需要一种更具智慧和包容性的思维范式来应对已然显现的全新局面。

现象空间所面临的“网络化”趋势

传统的建筑和城市空间主要依循合理的组织关系，维持特定的功能要求，并具有稳定的结构体系，空间中的一切活动都是基于空间中的构成要素的相互作用而产生。然而，建筑或城市空间中的构成要素就其承载的信息而言，与空间的功能和形式直接相关，作为对不同社会阶段的回应，空间中的这些构成要素所突显的重点不同，空间结构的稳定性也会发生很大的改变。在信息网络化的今天，随着互联网的全球化、个性化、交互式和廉价性等特性的凸现，以及知觉背景的扩大，我们对于空间行为和空间事件的考量都需要被放置到更大的范畴内进行，而空间中构成要素的有序分布和组织关系也必然面临全面的调整或重构，并呈现为全新的结构形式，以反传统的“网络化”为基调。

在空间的组织上，传统的、等级型的中心聚集模式会向多元性、扁平型的网络化模式转变，空间的流动性会得到加强，空间的信息传递会更加迅捷、有效。多元性、扁平型的网络化模式升级了传统有形的空间结构，结合以信息技术作为支撑的虚拟网络空间，构建成为一个功能整合后的全新空间形态。与此同时，通过融合电子媒介或转向自身媒介潜力的发掘来创造多义的混合空间，进而形成虚拟网络空间与现实交往空间的互联。“网络化”的现象空间不仅仅是一个全新的概念，也代表了一种新的空间发展理念和人们认知空间的方式，现在它在备受关注的同时，逐渐替代传统空间模式而成为空间发展的主流方向。

所谓的“网络化”趋势主要包括两个方面的内容，其一，是指全球范围内城市的网络化趋势，以及城市空间结构与形态的多元化与复杂性。伴随着城市空间的延展和扩张，城市之间的联系愈加紧密，城市空间结构则越来越多地显现出网络化的趋势；其二，主要是指信息网络的急剧发展与辐射范围的扩大。

在美国学者彼得·卡尔索普（Peter Calthorpe）和他的同事威廉·富尔顿（William Fulton）看来，正在兴起的区域实际上是一个创造网络的过程：社区网络、开放空间网络、经济活动网络及文化网络，区域的健康与否取决于这些网络的互联程度、良好的界面和有活力的因素。瑞士学者弗朗茨·奥斯瓦德（Franz Oswald）和彼得·贝克尼（Peter Baccini）在《网络城市》一书中提出一套大都市设计方法——“网络城市”设计，他们指出，网络城市有三个基本元素——节点、连线和边界。其中，节点代表了人、商品和信息的高密集地区；连线代表了两个节点之间人、商品和信息的流动；而边界则指城市网络中空间、时间或结构的划分。

在“网络城市”中，每个等级的网络都可以作为更高等级网络中的节点，同样每个等级的网络节点又可转化为较低等级的网络。城市系统各层次间具有自相似性的特征，城市整体空间结构的特质及其演变过程会作用于城市空间中的各层级构成，随着不同层级的选择，似乎又会出现新的层级。另外，城市空间形态具有时间跨度累积的渐进性及空间自身的相对稳定性，城市空间发展的各个环节与阶段彼此交织，构成了处于动态中的复杂与稳定的城市结构关系。

网络化空间结构预示着电子媒介下建筑和城市空间新的发展潜力，物质化空间事件与电子化空间事件的互联程度成为建筑和城市空间模式升级的主要动力，网络化的建筑和城市空间将是空间、时间、运动和事件的多维度感知和体验。随着密集而又不断更新的外界信息的渗入，建筑和城市空间的网络化结构体系实现了自我的调整和更新。在“网络化”的现象空间中，空间的多维分布性、活动路径的链接性、不同尺度的延伸性、混合功能的交互性，以及场所界限的模糊性等特征，都为人们的生活注入了新的活力。“网络化”已经成为了人们生活中不可或缺的部分，它既是生命有机体在空间环境中的必要延伸，也让建筑学与诸多相关学科之间建立起了系统化的关联，并且进一步拓展着人们对建筑和城市空间的认知，强化着空间运动与生命之间的关联。

不过，与阿联酋的马斯达尔城（图4-1-2）、韩国的松岛新城（图4-1-3），以及葡萄牙的普兰尼特谷（图4-1-4）等地从零基础开始发展模板式网络化空间结构不同，自上而下的技术支持，结合现有发达城市的核心区域，包括重点大学校园、企业总部和工业园区、高档居住社区等地的众多民众通过网络联系而形成的自下而上“网络化”空间组织，才是更富时效性的智慧型城市。就像《“草根“的智慧城市》一文中所提到的：“真正的智慧城市并不是一个听从指挥官命令、整齐划一地前进的军团，而更像是

一个鸟群或鱼群的翻版，人们从同伴身上获得社会和行为上的暗示，从而判断该何去何从。”⊖

图4-1-2　阿联酋的马斯达尔城构想图

图4-1-3　韩国仁川的松岛新城

图4-1-4　葡萄牙的普兰尼特谷

反“模式化”与非言语表达

在现实生活中，人们不可能完全排斥模式化，模式化本身是我们丰富生活的有效支撑，但是，对于建筑和城市空间而言，过于低级或严苛的模式化会违背空间行为与空

⊖ 卡洛·拉蒂，安东尼·汤森德．“草根”的智慧城市[J].王志良，译.环球科学，2011.70:24.

间事件发生的“多样性法则”，也会掩盖，甚至于消除空间中过多的内在信息，另外，过度的模式化又会剥夺人们对于外界环境的真实体验，因为建筑的标准或模式一旦被确立，其多样性就会随之被削减，而不确定性也会被强行从确定的体系内剥离出来。然而，对于有机系统中的任何事物而言，都不是静止的，它充满着矛盾和对立，并在可预见的、确定的、模式化的背后，潜伏着诸多不确定性。C.亚历山大在其《建筑的永恒之道》一书中写道：“组成建筑或城市的特定模式可以是有活力的，也可以是僵死的。模式达到了有活力的程度，它们就使我们的内部各力松弛，使我们获得自由；当它们僵死时，它们便始终将我们困于内部冲突之中。”㊀（图4-1-5）

与传统建筑追求对称性不同，现代主义、后现代主义和解构主义等风格所打破的不仅仅是对称的形式本身，还有由此而树立起的认识观念和思维范式。对称性的空间趋向于模式化和制式化，其空间的组织也会显得过于僵化和呆滞，缺乏对人性的关怀，而去对称化的空间则打破了这种僵化和呆滞，激越了空间的情绪，使其变得自由而又流动。可以说，去对称化突破了传统范式，是源自内在思想的转变，它让建筑所负载的某些精神化意志能够由内而外地散发。

其实，相对于模式化而言，建筑和城市的空间在任何尺度上都不应该以它表现出来的样子进行界定，而应该以它与人们日常的存在状态之间的联系作为衡量标准，重建人与建成环境、生命与物质之间的关系。因为在真正的空间运动有机体系中，是内在的复杂性决定着模式的边界，而不应该是模式的边界来决定内在的复杂与多样性。

图4-1-5　城市空间中的潜在秩序和不确定性

㊀ C. 亚历山大. 建筑的永恒之道[M]. 赵冰，译. 北京：知识产权出版社，2004:79.

非言语表达对应建筑和城市空间的非固定特征因素的构成，对非言语表达的研究，就是希望对多元化、复杂化的建筑和城市空间环境中的非模式化、非固定特征的因素进行确认，明确空间环境作用于人们内心的影响。因为在“网络化”的社会背景下，空间关系愈加模糊和不确定，而对于非模式化、非固定特征因素的理解显然有助于人们对空间环境意义的全面认知。阿摩斯·拉普卜特在《建成环境的意义》一书中指出：“人类具有非言语行为，即非常普遍又极为重要；它提供了其他行为的背景（脉络），本身也在这些背景中发生和为人理解；人类首先通过观察、记录、继而分析解释，对非言语行为进行研究。”㊀

人类及其他一些事物通常是借助非言语行为来表达自身，空间环境也不例外。人们借助外在的分析和研究获取结论，进而指导和约束行为，也就是说，空间环境借助非言语表达与人们的行为之间建立起了很好的互动关系，人们在线索和脉络的引导下，能够获取对空间意义更加宽泛的认知，非言语表达的形式本身决定了空间环境中非固定特征因素是比较下的相对事物，而这更多源于多样性的文化图式、社会认同和价值准则。

在这个主张个性与自由的社会里，宽泛的概念随时随地都在繁殖，那些始料未及的随机事件和偶然因素更是在持续发生，令人应接不暇，但是，对于建筑和城市空间而言，做出必要的适应性调整也在情理之中，那就是让建筑和城市空间回归空间运动有机体系，因为这一有机体系能够在非言语表达的层面上为人们展现出物质空间与内在意识关联与互动的全景式画面，并以最自然的方式化解任何超出空间之外的行为和事件，而不是成为矛盾升级和冲突加剧的温床。

虚空包容万有

每一个空间，或者空间中每一个独立事件的存在相对于广袤的宇宙和绵延的历史而言，都显得微不足道，如果不与其他空间或事件建立关联，那么，它们都将不可避免地会被强势的空间冲突所胁迫或冲散。对于建筑和城市空间而言也是同样的道理，作为独立的个体或事件而存在，很容易被遗忘，它们都需要经历一个从单向排他到暧昧包容的过程。

㊀ 阿摩斯·拉普卜特.建成环境的意义——非言语表达方法[M].黄兰谷，等译. 北京：中国建筑工业出版社，2003:66.

包容本身是一门学问，它源自内心“慈悲喜舍，善良仁爱”的自然流露；包容又是一门艺术，它求之不得，舍之不去。对于建筑和城市空间而言，包容则上升为一种气质，它是场所精神的凝聚，代表着一种至善至美的境界，是空间与人性共通的部分，在某种程度上它是不可超越的。而建筑和城市空间要真正达到这样的境界，就必须被赋予一种能与自然环境、社会价值及人文思想对话的语言机制，因为，暧昧包容，不代表无原则的接纳，它传达的是一种智慧和气量。在空间运动有机体系中，空间是有机的，是与人共生的事物，它必然要反映人性的特征，空间的包容性会让建筑和城市空间存在的意义得到升华，也会净化有机空间中人们的心灵，从空间到心灵，从心灵再到空间，循环往复传递着的是一种积极向上的正能量（图4-1-6）。

图4-1-6　北京银河SOHO办公楼中的包容性空间

佛学中讲空间因缘生，又因缘灭，人们的身体和心灵所到之处便是坦然。包容能够削弱争执，它是一种素养，一种姿态，也是一种境界。就像明朝李东阳在《大行皇帝挽歌辞》中所说：“草木有情皆长养，乾坤无地不包容”。在当前的社会中，由于过度地强调文化消费、价值交换，以及功利追逐，迫使人们的感官与意识变得挑剔，而在包容性被降低的同时，为人们所敞开的外部世界也变小了。

江本胜在其《水知道答案》系列丛书中，通过对水在-5℃状态下的结晶实验，指出只要水感受到了善良与美好的感情时，水结晶就会显得有序而美丽；当感受到丑恶与负面的情感时，水结晶就会显得无序且丑陋。他由此形成认识，即每一滴水都有一颗心，而宇宙的中心则是爱与感恩。这是让人瞠目结舌的发现，如果将他的结论推广到建筑空间，试问：建筑空间会不知道答案吗？我们所赋予空间的情绪，空间必然也会以其他的方式反馈给我们，那可能是一种爱慕，也可能是一种厌弃；可能是一种理解，也可能是一种冷漠；可能是一种包容，也可能是一种抵触；可能是一种愉悦，也可能是一种酸楚；可能是一种感动，也可能是一种绝情（图4-1-7）。

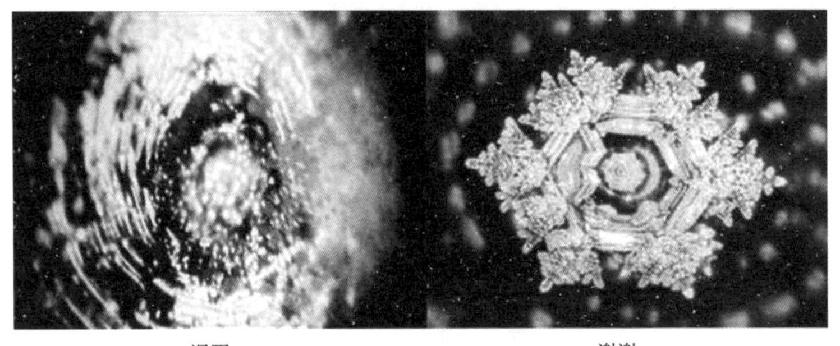

混蛋　　　　谢谢

图4-1-7　《水知道答案》中不同的水结晶图案

在空间运动有机体系中，空间、运动和事件之间遵循的是一种平行、动态与共生的机制，与其相契合的思维范式是更加智慧和包容性的，文中暂且将其定义为暧昧的包容性思维。这样一种思维范式是与扩展性空间观念相匹配和契合的自然有机观念。它打破了单向化与排他性的主从关系，从认识论的本源上剔除了“主客二分”的假设性前提，关注主客体之间的关联性和相互转化，从整体的角度出发思考空间关系，引导形成一种更加合乎人类生存本性与旨趣发展的系统。

建筑和城市中的空间行为和空间事件的发生始终都处于永恒之中，且充满不确定性，只有包容才能维持它们的和谐有序。在密斯的建筑空间中，墙体之间呈序列展开，然而这些墙体却并没有成为空间流动性的障碍，由它们所围合的空间和虚空所释放出的活力远远超出了这些墙体本身。正像维尔纳·布雷泽在《东西方的会合》中所说的：“空间的本质存在于有组织的虚空之中，它给人类带来了秩序。”[1]（图4-1-8）

图4-1-8 密斯设计的柏林新国家美术馆

[1] 维尔纳·布雷泽.东西方的会合[M]. 苏怡，齐勇新，译. 北京：中国建筑工业出版社，2006:13.

第二节 | 空间对环境的自在适应

假如适合的目的是为了保证有机体、物种、群落和生物界的生存和成功的进化，那么适合主要是朝向加强生命和进化。我们因而能否避免把对形式的关心带到加强或限制生命和进化的领域中去呢？当我们把形式和生命联系起来，我们必须后退到一个更为基本的问题上去，把这种形式和生命的联系和适合统一起来考虑，看它是创造性的还是破坏性的。从而将适合定义为创造，并将在适合的形式中显示出来，这种适合也就是生命的提升。

——伊恩·伦诺克斯·麦克哈格《设计结合自然》

空间行为对背景逻辑的契合

相对于空间行为而言，空间环境和自然环境是一个大格局，空间行为需要依循于这样的大格局而存在，反过来又会影响这个大格局的平衡，也就是说，空间行为与大格局之间相互关联，存在着一种微妙的交互作用关系。其实，任何空间行为和空间事件的背后都暗含着某些深层的逻辑关系，当空间行为与背景逻辑相契合的时候，这样的空间环境和自然环境就会处于和谐有序的状态之中，相反，当空间行为与背景逻辑存在冲突或者完全背离的时候，它将给空间环境和自然环境带来严重的伤害和破坏，甚至是颠覆性的。所以说，空间行为对背景逻辑的契合才是真正智慧的举动，而不是一味地固守、陶醉和迷恋于技术的统治性。

然而，完全相反的事实就摆在人们面前，技术在现实中的统治力显然已经远远超出了人们的预期，以至于人们在大格局中逐渐蓄积起了某种过度膨胀的优越感，而遗忘了自身的智慧和创造力正是源自这个沉默的大格局的孕育。人类既不满足，也不感恩于毫不吝啬的自然所给予我们的一切，而是借助技术力量的延伸从自然中肆无忌惮地掘取能量和资源，却不想自然终有一天会放弃对我们的眷恋和关爱。这并不是人类睿智的行为，因为人类与自然之间休戚与共，人类在绝情地伤害自然的同时，也是在伤害我们人类自身。所以，人类的空间行为首先应该契合自然中的背景逻辑，同时又与自然之间产生生命的同感。就像中泽新一在《新的地球创造：自然的睿智》一文中所提到的那样："技术一再地压制自然，这是无法挽回的。要想发现隐藏在自然当中的本质，并使其绽放光芒，不能压抑或管理生命，而应挖掘出一条深埋在生命中的道路，这条道路蕴含了无数复杂的信息。我们必须倾听自然与生命的对话，从其相互的呼唤中创造出新的界面。我们应该再次为技术所引领的文明注入已经失去的睿智，为我们的心灵找回朴实与谦虚的品质，再次尝试着恢复人类与自然以及人类与人类之间被破坏了的和谐关系。"（图4-2-1）

建筑作为人工秩序在自然环境中的推行，其本身的可塑性更多源自于空间对行为和事件的包容，所以，相对于现实生活中其他物件或产品而言，建筑因为与空间的结合而更具有上升到精神领域的潜力。而与此同时，建筑与空间在结合的过程中所界定的领域和场所所表现出的模糊特性，又反向催生了建筑更多的可塑性和适应性。那么，怎样的空间行为才算是对背景逻辑的完美契合呢？我们在巴拉干的建筑空间中或许能够找到一些线索和暗示。

巴拉干对于空间环境和自然环境的观察表现出一种独特的敏锐度，他关注的重点不仅仅停留在建筑的形式和风格等问题上，而是更加强调空间行为对背景逻辑的契合，设

图4-2-1 人类与睿智的自然休戚与共

计成了巴拉干对背景逻辑发现、发掘和发问的过程，同时也是寻求答案的过程。只有那些具备美丽和动人品质的答案才是契合的，他所构筑的空间唤起了一种深沉的情感、一种激越的反应、一种怀旧的情结和一种真实的归属。巴拉干希望借此理解以一种崭新的方式去诠释墨西哥人的生活环境和情感空间。就像巴拉干所说："在墨西哥，我们受到了加勒佛尼亚国际风格的一些不良影响。在这里，我并不是指责墨西哥建筑师抄袭北美建筑师的建筑作品。而是想说我们的建筑师应该学习美国在解决简单问题上的经验，同时运用到墨西哥不同地区的不同情况下。我们应当试图让我们所设计的园林中既体现出现代主义风格，同时适宜于环境，运用符合环境要求的和所需要的材料。"

巴拉干的设计思想成功地捕捉到了墨西哥文化的活力所在，并在与墨西哥本地的气候和生活状态相结合的过程中，发掘和吸收了很多富含价值的东西，获得了一些最具适应性的处理方式。巴拉干在1940～1945年致力于房地产项目的运作和规划设计期间，发现了墨西哥城南的一处布满粗狂火山岩的地块，他认为该地块具有发展成为一处优美居住区的潜力。他为此亲自做了规划，并为建筑设计制定了标准，以保证建筑与环境的协调，避免原有地形、地貌和植被等自然景观的破坏。与此同时，他还为这个项目设计了花园和一系列的装饰小品，如喷泉、入口和格子架等，这个项目就是著名的埃尔佩德雷加尔（El Pedregal）（图4-2-2）。

图4-2-2　巴拉干设计的埃尔佩德雷加尔景观建筑项目

自然中的暗示与类比

无论是在发达的、发展中的还是较为落后的国家，人们都能在它们的一些城市中都看到人类破坏自然环境所带来的残酷后果，然而即使如此，人类仍然没有降低和减弱自身对环境的欲求。地球上有很多生物都经历了千万年进化的过程，它们为了适应自然界而获得生存和延续的机会，都在不断地完善自身的机能和组织结构，从而获得高效低耗、自觉应变、新陈代谢、肌体完整的保障体系。这些生物的行为在维持自身生存和繁衍的同时，也使得自然界真正成为了一个平衡和延续的整体。试问：自然界中的这些生存之道难道不值得我们学习吗？实事求是地讲，自然界是启迪我们智慧并进行创作的灵感之源。建筑作为人类千百年来生存所必需的条件，它的发生和发展也同样需要遵循自然界的基本规律。

人类所面对的建筑类型有其存在的局限性，因为类型本身不可能被无限地重塑，所以，人类在建筑和城市空间的操作中所遇到的意识或者技术难题，单纯依靠建筑类型的扩展是无法破解的。然而，当我们通过仔细的对比分析之后，往往会发现这些所谓的意识或者技术难题其实在自然界中早有类似的解决方案。当然，我们不可能简单地沿袭或者模仿自然中的原型，因为自然提供给我们的毕竟只是暗示和类比。

1960年在美国俄亥俄州召开了第一届仿生学讨论会，与会代表共同制定了仿生学的概念，由此代表着仿生学的正式诞生。对仿生学的定义就是模仿生物系统的原理来建造技术系统，或者使人造系统具有类似于生物系统特征的一门科学。其目的就在于应用模拟的方法来改善现代的技术设备并创新工艺技术。1983年，德国人勒伯多（J.S.Lebedew）出版了《建筑与仿生学》（Architecture and Bionic）一书，在书中系统地阐明了建筑仿生学的意义、建筑学应用仿生理论的方法、建筑仿生学与生态学的关系、建筑仿生学与美学的关系等，就此为建筑仿生学奠定了坚实的理论基础。

仿生美学继承了功能主义的形式服从功能的美学原则，并且扩展了这种功能的类别和意义，仿生设计为建筑创造了丰富的造型、简练的形态，通过生物形态的模仿营造出了一种友好的气氛，创造出极具亲和力的人机交互模式。从某种意义上讲，建筑仿生学可以被认定为仿生学的一种延续和发展，是仿生学研究成果在人类生存方式中的应用，是人类生存方式与自然的一种融合，也是协调和缓解人类行为对自然影响的有效途径（图4-2-3）。

自然之美的最大特征就是系统的统一与和谐，统一与和谐的表现是多方面的，它们包括了颜色的构成、比例的匀称、节奏的婉转、韵律的附和及对称与非对称的关系等。所有这些统一与和谐之美的组成既能适时地迎合人们的内心情感，又能激越人们的生活乐趣，使人们在精神上获得自由、轻便和真实的愉悦感。作为用建筑表达思想的哲学家，高迪的建筑完全不同于人们所见所闻的西方传统建筑形式，他的建筑融合了伊斯

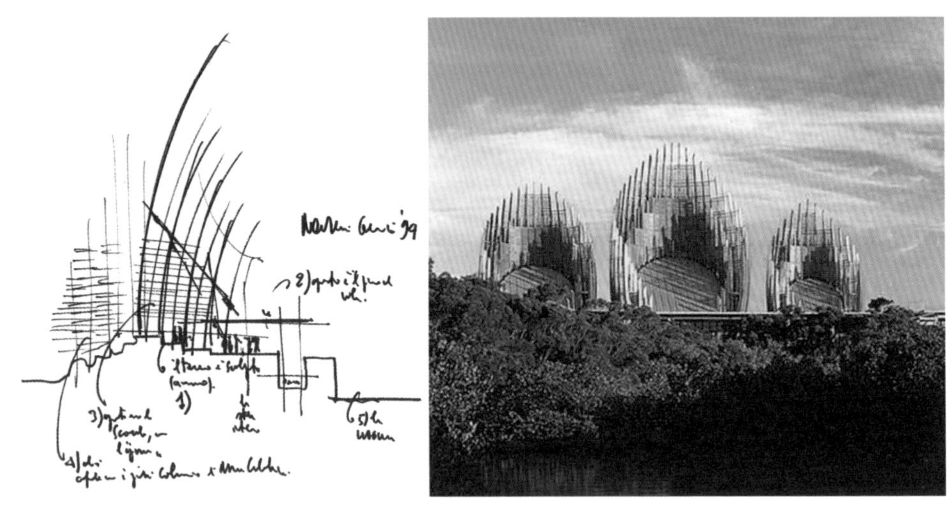

图4-2-3　伦佐·皮亚诺设计的富有创新性仿生工艺的芝贝欧文化中心草图及外观

兰风格、现代主义、自然主义的诸多元素和设计手法。人们在高迪的建筑中看到了一种高度统一的个人化艺术形式，但是即便如此，他的创作实践也不曾背离他一贯的设计思想——创作就是回归自然，他的这一思想突出地表现在他的创作中拒绝对直线的使用上，在他看来直线是人为的，只有曲线才是自然的（图4-2-4）。

图4-2-4　高迪设计的米拉公寓

显然，高迪的建筑中流露出了很强的自然痕迹，这种痕迹作为某种自然暗示而存在，而这恰恰契合建筑仿生学的研究范畴。具体地讲，建筑仿生学中的自然暗示就是人类在建筑活动中所遵循的自然规律，同时注重与环境生态、经济效益和形式创新的有机结合。建筑师从自然界的暗示和类比中，发掘并吸取一切有用的因素作为创作灵感，成功应用仿生学原理创造出形态新颖并且适应生态环境的建筑新形势。格雷格·林恩曾说："这类建筑的出现标志着建筑设计和构造技法从现代主义机械化的零部件搭配时代迈向了更具活力、更进步的仿生建筑时代。"

自在，是一种境界

随着人类自身的进化和科学技术的进步，人类的统治力变得愈加强势，而在各种欲望的驱使下，人类既不会主动地与地球生态系统内的其他生物分享自然资源，也不会有效控制自身对于自然资源的掘取和破坏。在这样的状况之下，我们很难想象城市和建筑的未来形态会是什么样子的，城市的成长极限又在哪里，直至这个地球上大规模的生物群居和人工产物迅速减少，当下的生态系统被替代，甚至于生命系统发生轮回。

在自然界中，没有什么是永恒不变的，万事万物都是有生灭的。在佛学中讲，物质就是无中生有，物质存在的时间非常短暂，人们看到的是相续相，而完全看不到真相，而只有禅定才能够让人们更加清醒地意识到生命的短暂。在建筑和城市空间中，同样不存在永恒的概念，空间中的行为和事件都是有生灭的，所谓的物质、形式、结构和构造等其实都是表象。但是，它们得以留存下来的，并能够被我们接纳的根本原因，就在于它们所生成的不可见的空间运动现象本身，空间的真相就在空间运动现象之中。

透过空间运动现象，我们可以发现在空间的相互关联中存在着一种若即若离的微妙状态，它很难用语言进行陈述，只有借助身体和意识的感知才可能有所体会，而建筑对自身的强调也势必对人性回归自然作出让步。尺度是人类丈量身体与外部世界的重要依据，也是衡量空间的一项重要指标，然而空间作用于人们内心的感受却远远超出空间尺度本身。当我们缓步慢行，穿过静谧的乡间小路，或者拾阶而上，轻缓地推开教堂的大门，抑或是脱掉皮靴，挽起裤脚，踩过绵软的沙滩，让白白的脚丫触碰清凉的海水……显然，我们能够从这些最日常、最简单和最朴素的事物之中，发掘那些潜在于空间中若即若离的自在境界，只是我们不确定的是内心对这些空间运动现象的识别程度（图4-2-5~图4-2-7）。

图4-2-5　穿过静谧的乡间小路

图4-2-6　拾阶而上，推开教堂的大门

图4-2-7　挽起裤脚，踩过绵软的沙滩

自在，是一种境界，它基于人们内心对空间运动现象的深刻认知，它是空间与环境之间所散发出来的气质性表现，是人们的美好愿望和理想化追求；自在，也意味着一种舒适的状态，它让人们能够自如地支配身体、意识与环境中的行为，并自由地行动。但是，人们所身处的错综复杂的大背景中，要想获得身体与意识上的双重自在状态，显然是极其困难的，首先要与大背景的逻辑相契合，突破与时代观念存在间隙的传统意识的局限。

这种局限在很多时候都显得过于冰冷和残酷，它或是一种欺骗，或是一种压制。在过往的时间里，所谓的学习和模仿都成为了生产性的工具，富有创造性的自在意识却被摒弃，这就是所谓的舍本逐末。难道人们的理想真的都已经埋葬在迂腐的象牙塔里，人们的创造性都被对权威的畏惧所囚禁了吗？人们生活在一个多变的世界里，世界本身的复杂与多样性让人们应接不暇和难以企及，如果人们不能释放创造性的自在状态，创造任何近似于自然复杂性和多样性的事物都是奢望。同样的道理，在日益含糊和不确定的建筑和城市空间面前，我们应该重塑的不是空间本身，而是我们对于空间的观念和认识。让建筑返璞归真，回归自然、单纯、和谐与自在才是它未来的方向，而这恰恰也是空间运动有机体系所追求的目标。

宽泛与微妙的适应性法则

人们的身体在空间中的驻留是一种客观实在，这种客观实在主要表现为身体与身体所赖以存在的物质空间之间时刻发生着的信息传递和能量交换。身体在物质空间中的动作，比如驻留、转身等，可能是华丽的，也可能是朴素的；可能是显眼的，也可能是被忽略的，但是有一点是值得坚信的，那就是：人们终会在宽泛与微妙的关系中找到适应性的法则。

适应性概念最早出自于生态学，是以生物的遗传组成赋予某种生物的生存潜力，并通过长期的自然选择而形成。然而，在今天的生态建筑学家看来，人类的外部环境已经不再是过去的自然生态系统，而是一种符合人工生态的复合系统，它由三个子系统所构成，即自然——社会——经济。通过运用生态学及其他相关自然科学和社会科学的原理和方法，对人类生存发展的这一外部环境进行跨学科研究，其目的在于创造整体有序、协调共生和循环再生的自然环境。

人类作为一个特殊的生物群体，区别于其他生物的最大优势就是对环境的适应性。我们在这里对空间运动现象进行系统性的研究，目的之一就是让我们对于自身赖以存续的空间有更加完整的理解，对自身存在的意义有更加深刻的领悟，也对生存的环境有更加自在的适应（图4-2-8）。

图4-2-8　人类生存的外部环境对应人工生态的系统

当今大多数建筑空间的表达都没有贴近生成具有强烈人文品质的建筑物的自然法则，这主要是因为传统的意识形态存在难以修正的局限性。然而，随着新一轮的建筑对旧式表达模式的拒绝，对根深蒂固的权力精英发起的质疑，以及对空间抚慰人性的释放，适应性建筑法则就会逐渐被接受。概括而言，这种适应性法则主要表现为以下三个方面：

1）小尺度秩序法则，小尺度上的视觉差异不是定义物理结构的必要因素，而是定义结构秩序的必要因素，它对应着人们的空间体验与内在意识，表现为一种互动或约束关系，譬如透明、私密、松散等关系。

2）大尺度秩序法则，主要是在色彩和几何结构上生成，通过有意的定向，并借助空间分割单元的相似性，来模仿空间、运动和事件之间的相互作用并确定其结构秩序，它主要包括空间意象、空间图式、空间组织和“空间链”等。

3）自然尺度秩序法则，主要是指一种超越结构秩序的有规则状态，在呈现规则状态的环境中，自然秩序表现得可欲和可求，并且表现出循环往复、返本归根的特性，比如地域性、可持续性和场所精神等。

很多时候，我们都说建筑空间的自在存在只是理想化的产物，或者说它只会出现在乌托邦的世界之中，其实不然，在朴素的空间存在面前，空间真正自在地存在是与行为和事件相关联的，纵然它总在承受着多重交织的矛盾的共同作用，比如，既要面向开敞，又要自我围合；既要适应环境，又要呵护精神。实际上，这些强加于建筑空间之上的要求，都是我们的“妄想、分别和执著”的结果，它打破了空间场所与环境之间自然的信息传递，也违背了空间的自在适应性。

第三节 | 定向与认同

我们也可以认为，居住就在于定位和认同。我们必须知道自己身在何处，怎样在何处，从而使自身存在具有意义。定位与认同是通过有组织的空间和人造形式来实现的。这种空间和形式构成了具体而实在的场所。我们在此所引入的场所概念，与当今专注抽象空间的倾向相反，为回归图形建筑提供了一个起始点。

——克里斯蒂安·诺伯格-舒尔茨《居住的概念——走向图形建筑》

参照的弱化与定向危机

长期以来，人们对于外部世界的认知都是基于稳定的参照，在数学和物理学层面上，这种参照通常被描述为三维空间或四维空间。而人们对于建筑和城市空间的认知，从视觉和心理的习惯上讲，通常是以地面和地心引力作为参照，并以此为出发点来对建筑和城市空间及其中的事物进行观察和阐述。倘若人们要对空间行为和空间事件进行描述，那么，作为人工秩序中的一个重要环节的建筑将成为参照，因为建筑在传统三维空间坐标系中同样具有定位的作用。但是，当前的建筑和城市空间概念却在信息技术、虚拟网络等因素的共同作用下变得愈加宽泛——从物质空间到精神空间，从真实空间到虚拟空间，并且同时出现了空间异化、失焦和失真的状况，显然，这些急剧的变化对认知习惯中传统而又稳定的参照关系和空间秩序都造成了严重威胁。

空间的秩序性一直以来都是空间构成的主要内容，是调和空间多样性和矛盾关系的直接手段，是人们体验和识别空间的重要参照。然而，随着空间、运动和事件的混沌多义与不确定性的增强，异质元素的泛滥，以及人们对单调空间形态的厌倦，建筑和城市空间呈现出一种过度的复杂性，它使得可识别的空间线索变得模糊，空间隐喻变得含混，空间肌理遭到割裂。空间的这种多元与多义不仅带来物质世界的彻底变化，也严重地削弱了自身内在的秩序性，它使得人们的定向与认同变得含混，人们生活与生存的价值趋向发生倾斜，人们对熟悉空间所形成的依附和归属感变得陌生，人们记忆中的美好渐行渐远（图4-3-1）。

图4-3-1　混沌多义的城市空间

建筑历史的研究原本可以作为复原参照和追忆美好的一个重要手段，然而，现在很多历史建筑研究的出发点过于单一，或者说过于理性，仅仅是为了给出更加合理和准确的解释。这种严谨的科学态度毋庸置疑，但是，在那些研究结论中突出了空间行为和空间事件，却忽略了附着于历史建筑中的人性，没有让那些过往的、充满人性的空间在当下复活，也没有以这些历史空间为出发点，预知未来建筑的动向，并以先人们的智慧来填补当今建筑和城市空间中所缺失的东西，解决当今社会突显的各式矛盾。之所以会出现这样的结果，主要的原因是这些研究本身遗忘了以人的历史存在为参照这一事实，看低了人性与空间、定向与参照的关联，从而陷入了就事论事的程式之中。

建筑和城市空间都与人们的生命密切相关，然而，随着参照的弱化和定向的危机，很多建筑师、规划师或者城市决策者开始“糟踏”和“玩弄”空间，而这恰恰反衬着人类自身的无良行径，这种情况在现代主义、后现代主义和解构主义的有些建筑和城市空间中都曾获得极度夸张的演绎，可以说，那些针对建筑和城市缺乏人情、人性和人道精神的空间表达都是对生命的轻视和挑衅。对于人类而言，人性和智慧终究是高于一切的，人们理应关注和同情这些让人们安身立命的建筑和城市，并使其以最自然的方式存在（图4-3-2）。

图4-3-2　建筑和城市空间以最自然的方式存在

那么，在弱化的参照和定向的危机面前，我们如何确认自身的存在，又如何给出合乎逻辑的解释呢？当我们回到空间运动现象之中，梳理出那些贯穿于整个物质世界、实体城市和人造建筑的结构与过程中的关系的时候，或许会找到答案。空间运动有机理论是基于人们的哲学认知、传统思想及学科交叉，而做出的带有预言性和指导性的建筑空间伦理性研究，它不能重塑日益弱化的参照（这是诸多社会和技术因素共同决定的），但它却能够在一定程度上修正定向的危机。因为它没有让传统建筑文化成为纯粹的摆设，没有将当下的建筑构想视为低俗的愉悦和献媚的工具。而是在东西方文化的交融中，找到空间、运动和事件的合理定位，让我们不会迷失在不确定和纷繁芜杂的状态之中，并且借此确认自身生命在短暂时间维度上的存在和位移。

在此的存在倾向与合乎逻辑的解释

空间运动有机理论认同关联性决定建筑空间本身，但是，却并不认为在关联性的空间、运动和事件之间存在着严格的秩序，随机与偶然性是空间运动现象的原相，当然这些随机与偶然性并非是反秩序的，而是空间运动有机体系下的动态秩序本身。诺伯格-舒尔茨在《西方建筑的意义》一书中写道："换句话说，从一开始，人们体会到的意义就来自'存在空间'（exitential space），它形成了人类活动的框架。这种存在空间不等同于纯粹物理因素所确定的几何空间，而是由人们体验到的特性、过程和相互关系所决定。它常常不是匀质的（homogeneous）或中性的，而是有着定性的（qualitative）、动态的特征。"㊀

虽然在这样的意识基础之上，建筑和城市的空间定位还是会充满更多含糊与不确定性，空间的每一次划分或重组也会带给人们内心不同的感受，但是，空间的包容性和接纳能力在这里得到了重塑，人们对于空间的认同感经历了一个从熟悉到陌生，再到好奇的反转过程。也就是说，人们承认局部与整体中的不确定性，却并不表明人们在空间的多元与复杂性面前举手无措，无序可循。空间运动是一种发散的秩序，它的出现代替了传统稳定的向心秩序，人们开始从不同空间性质的对比与差异中寻找参照，并由此领悟到空间运动的产生和空间之间的联系。

㊀ 克里斯蒂安·诺伯格-舒尔茨.西方建筑的意义[M].李路珂，欧阳恬之，译.北京：中国建筑工业出版社，2005:225.

空间运动有机体系下的建筑形式操作没有约定之规，更不会形成风格化的表现。建筑和城市空间作为有机容器，本身就应该具有有机的属性和特征，这一点与丹下健三等人在20世纪中期提出的“新陈代谢”理论有某些共通之处。当然，对于现在这样一个过度强调消费，追逐内在空间的功利性和外在形式的戏谑化的社会和时代而言，弱化建筑的存在，强调空间运动现象的发生的这样一套理论体系，在其发展和成熟的过程，必然会遭遇现实的障碍和危机，然而，对于障碍和危机的化解恰恰成为了空间运动有机体系的价值和意义所在。在这一体系中，建筑的物质性和痕迹感被减弱，空间的信仰被重塑，人性的自由得到释放。它发生在空间与空间的关联，空间与物质的对接，光线与墙面的触碰，外界信息与情感的交流之中，而只有当我们在空间运动现象中体验和感知到所有这些细微的变化和缥缈的意境的时候，才进一步确认了自身的真实存在（图4-3-3）。

从本质上讲，物质同空间一样，都是虚空的，人们在空间中的生活都带有戏谑的感受，总是处于过程之中，此时此刻，人们只能仰仗意识对空间的定向与认同，来确认身体在网络化空间中的存在。在一些伟大建筑师的建筑空间中，人们有时能体验到一种超越时空的停滞，有时又会在其中感受到一些新鲜的气息和对未来的憧憬。其实确切地讲，这些感受就是生命力在空间中的延续所散发出来的东西，在它们面前，人们既可以追忆原始的质朴，也可以遥望未来的方向。

巴克曾说，“花园的精髓，就是具有人类所能够达到的最伟大的宁静”。路易斯·巴拉干更好地诠释了这一思想，他的作品强化了平静、孤寂、神秘、喜悦和死亡，他认为平静是摆脱苦闷与恐惧的良药，无论所设计的建筑是华丽还是简朴，建筑师都有

图4-3-3　光线与墙面的触碰

责任在他所设计的建筑当中营造这种平静的气氛。巴拉干的建筑赋予人们的物质环境一种精神的价值，他将人们内心深处的、幻想的、怀旧的和遥远的世界中的情感重新唤起。他的建筑是神秘和不可理解的，具有此在的存在倾向，并排斥过度的无约束的外向生活（图4-3-4）。

图4-3-4　“平静”是巴拉干的建筑空间中的精神价值

现象空间的扩展源自内在的认同

布莱恩·劳森在《空间的语言》中指出，空间能够帮助人们实现的高层次情感需求主要有三个：刺激性（stimulation）、安全感（security）和标识性（Identity）。其中，标识性又可总结为两个层面的含义：其一，是指空间或场所具有标识性且易于识别；其二，是指空间或场所具有认同感和归属感。就像布莱恩·劳森在书中所言：“我们对于归属和识别自己专有的场所或者至少是与自己有关的场所的需求，在任何地方都可通过将场所个性化的行为来得以表现。”㊀（图4-3-5）

布莱恩·劳森所提到的认同感与人们的日常生活密不可分，与人们的行为密切关联，这主要是因为人们的所作所为往往取决于定位的心理功能。人们真正拥有一个空间，并建立领域感，不仅是对空间中事物所表现出的形态的认同，更重要的是这些事物所构成的空间定位能够让人们所处的环境显现出更多的连续性和可预见性。就像诺伯格-舒尔茨所强调的，“认同就是要与事物的世界建立一种有意义的关系”。

㊀ 布莱恩·劳森. 空间的语言[M]. 杨青娟，韩效，卢芳，等译. 北京：中国建筑工业出版社，2012:36.

图4-3-5 城市空间中的标识性

事物的世界所对应的空间的存在状态具有多变性，空间的定向与认同就成为了一个体验和感知空间的必然程序。人们总是希望能够查实其原始的存在状态，以此为原点，来划定空间分化的阶段，并针对这些不同的阶段对空间的形态进行定义。然而，人们的认知相对于空间的复杂程度还存在很大的局限性，空间的分化过程也总是伴随着新的存在形态对原有存在形态的替代。

人们的空间行为总是发生在一定的空间环境中，而建筑作为空间环境的标识，以一种具体的实在而存在，成为了人们认同外部世界的媒介，同时体现着人类存在的意义。现象空间生成于建筑内外，与事物的属性无关，却与人们的内在情感发生关联。现象空间的扩展源于人们内在情感的认同，这种认同具体体现在人体自身和事物的具体形式之间的一种密切的互动关系，它是一种意识的“反射”。在空间运动有机体系中，这种意识“反射”就是一种空间运动现象，我们透过现象发现，外在的物质空间在流逝，而内在的物性和场所精神却在回归，并且帮助我们摆脱迷茫。

彼得·卒姆托的每一项设计几乎都是在寻求一种认同感，它们既遵循着场地自身的逻辑，也没有刻意回避偶然性的存在，因为在卒姆托看来，每一个建筑都拥有着自己的性格和表现力，一栋好的建筑也总能在与人们的接触中感染着他们。他设计的圣本尼克教堂，为了适应当地的气候条件并展现本土工艺，从屋顶到地面，整个小教堂的外围都覆盖了粗糙的木瓦片，使其呈现出一种粗犷而又不乏细节的特殊质感。室内光线从屋顶下缘的环状高窗射入，让整个空间被神圣的“气氛”所萦绕。这座建筑根植于山坡之上，它的深度、形状、历史以及它所呈现的气质都让人们从内心感受到一种认同，有人将这座小教堂比喻为从天国坠落的一滴仙露，足见人们对它的礼遇（图4-3-6）。

图4-3-6　圣本尼克教堂外观及内部空间

内在物性与场所精神

诺伯格-舒尔茨在其《场所精神——迈向建筑现象学》一书中提到，早在古罗马时期便有了“场所精神”这一说法。古罗马人信仰“场所精神”，在他们看来，大自然中每一种独立的本体都有它们自身的精神，这种精神赋予了人和场所以生命，并与人和场所生死相随，而这又同时决定了他们的特性和本质。

在诺伯格-舒尔茨的建筑现象学中也认为，场所和建筑与人们的存在及其意义紧密地联系在一起，讨论建筑首先应该回到“场所”的概念，从“场所精神”中获得建筑最为根本的体验。只有当人造物或者建筑物界定了一个具有明确特性的空间范围，人与环境发生联系，场地（site）才能转变为有意义的“场所”（place）。“场所”在某种意义上，是一个人记忆的一种物体化和空间化，或者解释为“对某一处空间的认同感和归属感”。场所是具有清晰特性的空间，是由具体现象组成的生活世界。在诺伯格-舒尔茨看来，城市形式并不仅是一种简单的构图游戏，形式背后往往蕴含着某些深刻的涵义，每个场景都有一个故事，这些涵义与城市的历史、传统、文化和民族等一系列主题密切相关，这些主题又赋予了城市空间以丰富的意义，使其成为市民喜爱的“场所”。

在空间和场所中，并不会只呈现出事物相互联系的复合整体，它还可以表现出像卒姆托所营造的那种处于变化之中含蓄朦胧的“气氛”，这种“气氛”就是空间的独特特征和场所精神。场所精神不仅具有建筑实体的形式，而且还具有精神上的意义。自古至今，但凡纪念性和仪式感强的建筑空间基本上都饱含一种独特的场所精神，它或是源于对物质空间的触碰，抑或是源于历史空间的自我陈述。

场所精神反映着场所的包容程度，集聚场所精神的场所具有包纳不同内容的能力，为人们的活动提供了一个相对完整的空间，并在一定阶段内表现出明确的导向性特征。当建筑植入场地，介入原有的环境，就会构成一种解释与被解释，创造与被创造的关系。建筑的植入会改变场地原有的秩序，还会对环境的自由性产生限定，这有可能是一种完美的超越，也可能是一种悲催的毁灭。因为，人们需要创造的不仅仅是一栋房子，一个穿插的空间，更应该是一种视觉化的“场所精神”。正如建筑理论家维多利奥·格里戈蒂（Vittorio Gregotti）所说：“当在建筑地点放下第一块基石的时候，就改变了地点的意义，使之变成了建筑。”

里卡多·列戈瑞达[一] 认为，对比功能主义的空洞，通过艺术展现精神层面的要义显得更有意义。所以，我们在列戈瑞达的建筑中，不管是小住宅、教堂，还是其他公共建筑，都可以发现那些尖锐的角度里所隐藏着的暗示，弥漫着的一种可见却又不可理解的气氛，同时，闪耀着一份温暖而诚挚的人文主义光辉。列戈瑞达具有敏锐的洞察力和追逐美好事物的热情，不管是地方上的手工艺品，还是珍奇异宝都成为了他贯注情感和植入“场所精神”的载体。

列戈瑞达所试图创造的微观世界应该是一个自然完美的空间实体，这种微观世界中空间的属性既是向心的又是离心的。我们在他的建筑空间操作中，时常会发现柔和的日光从天窗洒进室内，而视觉与室外环境的隔绝同时又会加强空间的向心性。然而，当我们低头看时，却可以看见远处青葱的草木被精心安排的窗框做成一幅画景。列戈瑞达在设计迷宫博物馆（Labyrinth Museum）的时候，面对Tangamanga国家公园提供的宏大基址，他延续了一贯尊重城市传统和周围环境的做法，经过对场地的审慎考虑，将周围山地环境在地形学和形态学上严格整合，最终选择了一组保持低矮、水平走向的简单几何形体块，仅在中庭上竖起一座高塔，让一股清流在塔顶倾泻而下，用动态和水声打破规整体块和水平布局带来的无边宁静。他恪守了“无论从实体还是精神层面上都力求与基址保持对话”的设计原则，而这也是列戈瑞达对“场所精神”的完整诠释（图4-3-7）。

[一] 里卡多·列戈瑞达（Ricardo Legorreta），1931年生于墨西哥城，著名建筑师。代表性作品主要有蒙特雷中央图书馆、珀欣广场等。

图4-3-7　列戈瑞达设计的迷宫博物馆

第四节 | 空间运动与诗意地栖居

真正的栖居困境乃在于：终有一死者总是重新去寻求栖居的本质，他们首先必须学会栖居。倘若人的无家可归状态就在于人还根本没有把真正的栖居困境当作困境来思考，那又如何呢？可是，一旦人去思考无家可归状态，它就已经不再是什么不幸了。正确思之并且好好牢记，这种无家可归状态乃是把终有一死者唤入栖居中的唯一呼声。

——海德格尔《筑·居·思》

虚构的“理想国”遭遇现实危机

透过虚掩的门窗，人们所亲见的蓝天和绿树渐渐被雾霾所遮蔽，所亲听的鸟鸣和风语慢慢被嘈杂所掩盖，那些曾经熟悉的，能够温和人们性情，抚育人性的事物和景象都在变得模糊，并开始远离人们。在自私和欲念、粗鲁和野蛮面前，人们的内心被迫远离自然，远离原本诗意的空间，而人们的身体也只能可怜楚楚地蜷缩在建筑和城市空间中的某一个陌生角落（图4-4-1）。

人们之所以会生活得如此“可怜”，归根结底是源于人们生活在一个被语言逻辑概念、算计分辩的工具理性、经验实证效用和科学主义全面统治的时代，它催生了技术统治和功利化。自工业革命以来的几个世纪里，人们始终都认为技术能够带来便利、快捷，以及其他想要的一切，同时也维持着世界的和谐有序。然而，伴随着技术对人类社会的全面渗透和控制，以及对以宗教为内在核心的传统形而上学体系的否定，语言逻辑、工具理性、经验实证和科学技术达到了前所未有的、接近可怕的高度，它们渐渐超出了人们所能驾驭的程度，其双刃性中的负面效应开始失控。人类生存的意义被悬置，人们深陷精神虚无和混沌的状态之中，一种真切的无家可归的感受开始蔓延，人们感觉到了一种前所未有的被奴役的恐惧，一种对自身存在的怀疑。

图4-4-1　远离自然的陌生的城市空间

功利化的社会带来了不择手段的商业竞争，而商业文化的泛滥又撩拨着人性中的肤浅和虚荣；功利化的社会带来了人文精神的衰败，而人文精神的衰败又迫使人们内在的情感因素遭受弱化、压制，甚至于排斥；功利化的社会还带来了前所未有信仰的危机，在信仰危机面前，人们感受到了紧张、空虚和落寞。显然，功利化本身让人们的生活完全成为了物化存在和机械秩序下的碎片，就如清代学者王夫之所描述的一样："数米计薪，日以挫其志气，仰视天而不知其高，俯视地而不知其厚，虽觉如梦，虽视如盲，虽勤动其四体而心不灵。"

这是我们一直以来所遥想的"理想国"中的情景吗？在我们眼前所发生的一切必定是柏拉图在建立虚构的"理想国"之初所始料未及的，因为对他来说，"诸在者应该栖身于永恒不变而且形式绝对完美的理念之中"。自柏拉图以来，哲学都被规定为一种关于存在的形而上学，它用纯粹、清晰的逻辑语言建构真理，主张用跨越思想的随机性去认识客观性的真理，即客观事物及其概念本身的运动规律，以一种纯粹、清晰的逻辑语言描述一个形而上学的理念世界。在这里，人与世界的理解关系逐渐被认知关系所替代，在内容和表达方式上，哲学和诗也开始截然分开（图4-4-2）。

图4-4-2　清晰的逻辑与形而上学的理念

在柏拉图看来，诗总是通过隐喻的语言描写个别的事物，根本不能揭示普遍理念的本质，因而毫无价值，必须被驱逐出理想国。后来的哲学家继承了柏拉图的思维方式，致力于用逻辑思辨的语言建构一个抽象的、形而上的观念体系，而对诗则采取了一种贬低甚至否定的态度。所以，在很长的时间里，诗与哲学都处于相互隔膜、相互背离的状态。

作为人类历史上最早的乌托邦，在残酷的现实面前却显得极其脆弱和不堪一击，哲学与诗的分离状态也宣告了一种悲观和绝望，因为它旨在收复城邦而远离人性。从某种意义上来说，“理想国”是在为堕落和虚假的社会关系辩护，而只有诗与哲学，以及诗与科学的和解才是正确的方向。

现象空间的诗意表达

在“功利性”病菌扩散的建筑和城市空间里，人们内心对幸福与快乐的真实感受，对情感的温存和呵护，对美与自在的向往和追求，以及对价值与伦理的判定都在被慢慢削弱，并开始变得含糊，甚至于如幻觉一般。在建筑和城市空间中集聚的“病变”并非人们日常认知模式中的所闻所见，也并非逻辑语言或者科学技术等能够治愈的。真正解决空间“病变”的途径只有依赖于富有见谛的信念体系的重构，显现人性的终极关怀，并追问人之存在的价值和意义。所有这些势必引领人们对生命的领悟达到一定的高度，而人们的意识也会随之上升到超凡脱俗的境界。那么，人们又如何实现超凡脱俗呢？德国哲学家谢林给出了答案，他说：“超凡脱俗只有两条路：诗和哲学。前者使我们身临理想境界，后者使现实世界完全从我们面前消失。”随着哲学与诗，以及诗与科学的和解，用纯粹、清晰的逻辑语言建构的真理在当今残酷的现实面前开始塌方（图4-4-3）。

图4-4-3　自在、闲适的生活伴随着超凡脱俗的境界

爱因斯坦曾经说过："科学只能说明'是什么'，而不能说明'应当是什么'。"也就是说，科学技术无论如何伟大，它都不可能告诉我们人生的目的和意义是什么，以及我们应该如何真正享受人生。其实，这种享受确切地讲应该是对存在的一种深刻体验，这种体验只有在空间运动中才能发生。日常而又熟悉的空间环境往往会给人一种最朴素的体验和感受，那也是最真实和最亲切的空间意识，随着平淡的空间意识的集聚，空间的原始力量开始泛起，个人或者群体的场所记忆同时被慢慢唤醒，此时知觉与空间相通，意识与场所相济。

在柏拉图之前的许多思想家和哲学家，如阿那克西曼德、赫拉克利特和巴门尼德等人都注重对存在的深刻体验，他们将人与世界的关系看作是一种理解关系，总是用最原生的、更富诗意的表达来揭示存在。这时候的哲学家以诗表达自我的思考，而诗人自我流畅的语言中同样闪烁着哲理的光芒，哲学和诗呈现出和谐交融的气象。

在尼采看来，理性主义支配下的传统的形而上学，只是由哲学家确定并神圣化的观念系统。这种形而上学不仅导致了思想、理论、理想和现实之间的鸿沟，而且使人丧失了行动的意志，在一种假象的蒙蔽中堕落为奴隶，成为道德的奴隶、权威的奴隶、理性的奴隶等。尼采主张摧毁传统哲学的思维方式和表达方式，将传统哲学从概念体系中解放出来，转换为诗性的挥发和诗意的表达。显然，对于现象空间的诗意表达有助于哲学摆脱僵化的概念模式和观念体系，使哲学成为一种充满生命激情的自由的表达，而不是通向真理和意义的唯一入口。尼采放弃了追求真理的哲学观念，他把真理定义为"一簇流动的隐喻"，认为生命的偶然性和不确定性才是有意义的，只有那些伟大的诗人才能接受、理解和阐释这种意义。

当然，这并不代表现代哲学对传统哲学的彻底否定，我们坚信生命的存在本身有着至上的意义，即超越现实世界和人的有限生命理应获得一种真理性的关照。而当这种真理性的关照处于一种饱含着生命热情的诗意表达中，将会显得更加生动。海德格尔从所谓"诗意地栖居"、安居的本质的角度论述了建筑的本源和意义。他说："如果全部艺术在本质上是诗意的，那么，建筑、绘画、雕刻和音乐艺术，必须回归于这种诗意。"

栖居，神性尺度下的空间运动

海德格尔在《筑·居·思》一书中，将建筑的本质理解为人类的栖居概念，所有的建造行为都应该以栖居为目标，而栖居又以场所的方式集聚了天、地、神、人四重整体。

在海德格尔看来，人们已经习惯于长期以来将建造行为作为手段来思考建筑，却遗忘和遮蔽了可以作为人类最佳生存方式的“诗意地栖居”思想。

海德格尔对于“诗意地栖居”的理解为“置身于神灵面前，涉步于事物的本质之中”。在他看来，神性，是人借以度量其在大地之上、天空之下栖居的尺度，而人之为人，总是对照这种神性的东西，来度测自己。可以说，神性的尺度是海德格尔将人的栖居划分为“诗意地”和“非诗意地”的关键。事物的神性不是源于外界的植入，而是自在生成，它超越物种必然性的自由维度，而贴近人性，转向诗意的一方（图4-4-4）。

海德格尔并没有完全抛弃西方文明中的神学传统，他相信仰望天空，在神性显现的天空中而非在大地上寻求尺度，人才能同大地万物和谐共生，也只有获得了神性的尺度，人才能诗意地栖居在大地之上。对神性的推崇和向往，是“诗意地栖居”中动势力量蓄积的过程。在功利化的社会里，海德格尔看到了“诗意”和“境界”的失落，他追本溯源，以期回到前苏格拉底时代发掘对“存在的命运”的关切，苏格拉底哲学的全部意义是对善的自觉，内向度的至善境界是万物的尺度。与此同时，海德格尔也将目光转向了东方的传统哲学思想，以期在静观中，捕获“天人合一”的神性尺度。

在海德格尔看来，语言逻辑、工具理性、经验实证和科学技术没有帮助人们走向真正的美好，而是让人们误以为它们真的无所不能，从而抛弃了神性，将自身置于价值和信仰的真空地带。其实，人们只有洞悉现在技术的本质，遵循神性的尺度进行诗意地表达，并以诗意的氛围影响当下社会中各式各样的建造行为，人们才能真正地“诗意地栖居”在大地之上。人之所以能栖居在家园中，正是因为其守护着天、地、神、人的四元聚集，天、地、神、人相互占有又相互依存，在一体化的镜像游戏中各司其职事，而人

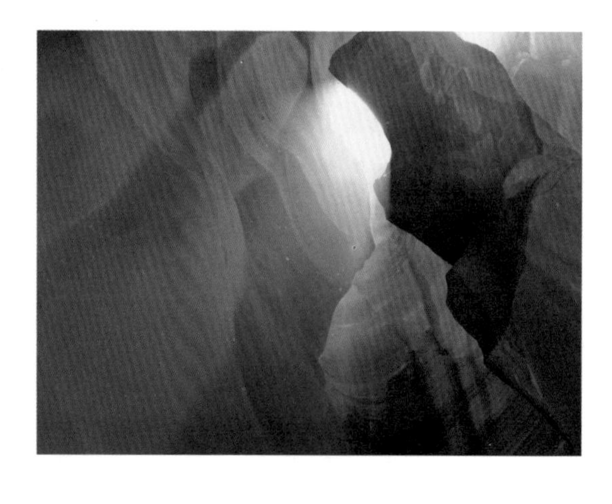

图4-4-4　超越物性的自由维度

们只有领悟到生命与神性尺度的距离，才能让空间运动现象中的自在栖居成为人们所思的存在（图4-4-5）。

自然原本是朴素的，因为诗意的加入使其与神性连为一体，而栖居的本质是诗意的，以神性度量自身。显然，栖居与自然因为诗意而结缘，诗意是人们响应自然魅惑的召唤，闲适栖居并通达神性的自然媒介，而神性尺度下空间运动有机体系是一个充盈着生机的力量系统。这个力量系统对于人们寄居的城市和建筑而言，具有决定性影响。柯布西耶在《明日之城市》一书中写道："经过对影响我们身体和刺激我们心情的上述事情之检验，我们能够获得一个重要的结论：我们将会理解，较之城市的结构更加重要的，是我们所谓的城市之灵魂。城市之灵魂，从存在的实用方面来看，是那种毫无价值的角色，它是一种纯粹的诗意，依附于我们而存在的一种绝对情感，一种完全特殊的状态。"㊀

相对于建筑和城市中的其他构成要素而言，空间的统治性地位不可撼动，随着空间本身的层次划分和相关空间的层次划分，人们逐渐获得了对栖居概念的认知，并进一步理解了生命栖居的意义。空间作为建筑对天地的衔接，与自然的连续，当它超越生命成为一种不可捉摸的象征的时候，它即通往了神性，这种神性可以被理解为人们拥有的一切美好，当然，美好不是象征性的事物，而是那些隐约存在于心灵深处令人愉悦的因子。

图4-4-5 神性尺度下的诗意表达

㊀ 勒·柯布西耶.明日之城市[M].李浩，译.北京：中国建筑工业出版社，2009:54.

存在之思与还乡之路

我们在神性尺度下的空间运动现象中，感知到了栖居的意义，并向往一切美好。然而，机械秩序下的纷乱图景却让人们备受煎熬，个体的逃避没有意义，因为只有主动地面对、感知和体验才能步入永恒。作为存在者理应积极地寻求克服虚无的方式，回归到人与世界之间相互理解的层面，构建起完整的信念和价值体系，并在此体系下获得自身栖居的意义。

德国19世纪浪漫主义诗人弗里德里希·荷尔德林⊖在写作《人，诗意地栖居》的时候几近贫病交加而居无定所，他以一个诗人敏锐的直觉，为了让人们回避被科学技术和工业文明带来的异化，而呼唤人们寻找“还乡之路”。正如他在《远景》中所描述的：“当人的栖居生活通向远方，在那里，在那遥远的地方，葡萄季节闪闪发光。那也是夏日空旷的田野，森林显现，带着幽深的形象。自然充满着时光的形象，自然栖留，而时光飞速滑行。这一切来自完美。于是，高空的光芒照耀人类，如同树旁花朵锦绣。”（图4-4-6）

图4-4-6　还乡之路

⊖ 弗里德里希·荷尔德林（Friedrich Hölderlin，1770–1843），德国浪漫派诗人，其作品在20世纪才被重视，被认为是世界文学领域里最伟大的诗人之一。

海德格尔注意到了技术对人身自由的束缚和对人性的限定，但他却没有停留在对技术这一现象作一般性的价值判断上，而是“穿透”技术统治的表象，对话羸弱的潜在意识。在他看来，技术是不可回避的，也是不可缺少的，盲目地抵制是愚蠢的，将其诅咒为魔鬼是缺乏远见的。技术与人之间的关键问题就在于，人们如何思量和定位技术，如何将技术纳入人类历史性的命运之中，使其成为人类的附庸。也就是说，面对技术的全面逆袭，人们应该有全面的认识和准备，通过诗意的途径将技术化解在各种可能的境域中。事实上，在海德格尔的观念中，所有的问题都是相互关联的，诗意的东西贯穿在一切艺术之中，而只有借助对存在、艺术和诗的思考，才能使技术成为空间有机系统的参照和潜在背景。范玉刚在《睿思与歧误：一种对海德格尔技术之思的审美解读》一书中指出：“批判技术时代的海德格尔想追寻的是一种始源的伦理——技术关联中人在大地上的诗意栖居。”

面对空间对人性的冷落，我们可能禁不住要问：诗人何以还乡，人们真的能够克服技术带来的危机而回归心灵对至善的境界吗？与古希腊思想家柏拉图把诗理解为情感的表达和对感性世界的描绘不同，海德格尔认为诗在本质上是把存在之为存在，通过语言带到敞开之境而达到无蔽的状态，通过诗命名存在者而给世界以意义和价值，使人获得理想与信念的支撑而存在和延续。海德格尔说：“当人思索存在时，存在也就进入了语言。语言是存在之家，人栖居于语言之家。”

那么，接下来我们不禁疑惑：我们又该如何通达“诗意地栖居”呢？在海德格尔看来，真正的建筑可以比拟为诗的语言，是诗把人类聚集到其存在的根基之上，使人真正能够接近生存的本源而安居，诗的本质在于使人类的存在具有意义。诗的创造就是一种建筑，而建筑只有充满诗意时，即充满诗所具有的让人存在、安居和“还乡”的特质时，建筑才能成为真正意义上的建筑。所以，我们首先应该返璞归真，恢复关于存在的思考，因为只有当我们恢复了关于存在的思考，才能把个体的人从绝对理性编织的所谓神圣性、普遍性、整体性和理性等臆造物中解放出来，把绝对理性长期漠视的有关人的存在、人的情感、人的个性价值等问题摆到人们的面前，使人们对生命自身产生怀疑和恐惧；其次，是回到空间运动有机体系中，让生命的大爱冲散粗鲁和野蛮，让空间回归自然与和谐。空间运动现象与心灵相通，是表达空间诗意，释放心灵自由，找寻精神家园的合理途径，是反物质化与反机械秩序的空间认知。

在中国有一个成语叫“闲云野鹤”，旧指闲散安逸不受尘事羁绊的状态，又指一种超脱物外的境界。然而在高度密集的城市空间中，人们被真实与虚拟的网络化隔断所限定，所谓“闲云野鹤”般的生活情趣或者感受是不是距离我们太过遥远？实际上，这样的一种境界更多源自于对精神的追求，而非物质条件或者其他因素的约束。就像北宋大文学家苏轼在《定风波》一词的结尾处所写到的，“试问岭南应不好，却道，此心安处是吾乡”。抒怀的是一种对待逆境随遇而安、无往不快的胸襟，以及旷远清丽的美感，外在的羁绊和困扰都是对于身体而言的，而空间对于内心的温存与呵护却更加重要。当然，空间运动有机体系同样在意身体与意识对空间约束的突破和对人性自由的释放，并促使人们面向存在去探索本源，而这就是现代建筑和城市空间的“还乡之路”（图4-4-7）。

图4-4-7　闲云野鹤般的田园生活

第五节 | 迈向“生命的秩序”

所谓生命时代，就是正视生命物种的多样性所具备的高质量丰富价值的时代。关注地球环境、重视生态学（Ecology），正是为了保持生命物种的多样性。

生命就是创造意义。生命的个体和物种所拥有的多样性，与地球上存在着的民族、语言、传统、文化、艺术的多样性紧密相连。机械时代的“普遍性”，将被异质文化共生的时代所替代。

——黑川纪章《共生思想》

生命的痕迹与空间原相

时至今日，随着价值伦理的衰退、传统道德的沦丧、宗教信仰的失落，以及人类自身过度的自私和贪欲对人类社会所造成的伤害，让建筑和城市空间面临着空前的危机。英国历史学家阿诺尔德·约瑟·汤因比[㊀]博士在其《展望二十一世纪》一书中曾说，“今天的人类社会到了最危急的时代，而且这还是人类咎由自取的结果”。其实，在危机面前人们迷失的又何止是方向，还有难以托付的将来。于是，越来越多的人开始通过各种各样的方式去体验、感知和记录那些值得怀念的生命痕迹和空间原相。

由日本NHK拍摄和制作的纪录片《里山》，主要记录了一个远离都市烦嚣的传统村落——里山，在滋贺县、琵琶湖畔的里山，孕育着一个自然世界，琵琶湖、溪流、青山、绿树、梯田、飞鸟、炊烟、木屋和昆虫等共同汇聚成了一幅极具生命意义的画面。其中，那清澈见底的湖水不仅映衬着人们和谐的生活，还维系着当地居民的命运，那

㊀ 阿诺尔德·约瑟·汤因比（Arnold Joseph Toynbee, 1889–1975），英国著名历史学家，在其著作中，十二巨册的《历史研究》为最辉煌,被誉为“现代学者最伟大的成就”。

里的人们对于大自然抱有最虔诚的情感和最朴素的热爱，那里的居民与自然和谐相处，与水系交融共生。该纪录片通过与里山的自然物种、气节变化和微妙影像的对话，呈现出了一派人与自然和谐共生的朴素景象，而在朴素之中也孕育了完美的“生命的秩序”（图4-5-1）。

与里山呈现给人们的朴素画面不同，以其静谧和神奇吸引着四方朝圣者的雪域高原则凸显着信仰的力量。那里有皑皑的白雪、圣洁的哈达、洁白的雪莲花、潺潺的溪水、不歇的转经轮和炎炎的烈日。高原环境在赋予生活在这里的人们一身黝黑皮肤的同时，也赐给了他们最为纯洁的心灵，而这也感染着那些慕名而来虔诚的人们。在冯小刚执导的电影《天下无贼》的开篇中，由刘若英扮演的女贼坐在车窗前迎来第一缕朝霞，以及随后匍匐在寺庙前跪拜的场景，都十分令人震撼，并成为一种信仰定格。而在大昭寺的亲身经历，也让笔者真切地感受到了那种被虔诚信徒膜拜的信仰所散发出的坚实力量（图4-5-2）。

在里山和西藏的自然场景中所透露出的空间原相，是对现实中现象空间的一种终极追求，它附和了心灵的颤动，遵从了生命的痕迹，还原了空间的本质，也让人们对建筑空间的理解回归到一种最为真实的存在的意义上来。而与此同时，朴素的信奉也在帮助人们跳出传统观念的局限，印证生命的意义。

相对于在大昭寺中所体会到的那种令人震撼的信仰的力量，人们在拉萨近郊的哲蚌寺更易看到那些残存于建筑中的本真和难以掩饰的美，并拾获前所未有的欣喜和感动。

图4-5-1　日本NHK拍摄的《里山》景象

图4-5-2 大昭寺院内空间中的朴素景象

本真和美不仅仅附着在被阅读和被发现的建筑中，也不仅幻化在强烈的阳光照射到泛黄的墙壁上所产生的清晰的光影里，它更加鲜活地映衬在一个个、一群群身着绛红色袈裟的僧人身上，他们的驻守激活了这里几近滞化的空间，他们的活动赋予了这里厚重的生命感。在这里，能够让人们真正抛却尘世间的一切杂念，进入一种完全自我的境界，对自我的心灵进行一番透彻的洗礼；在这里，任何的语言都是多余的，静默和祈祷就是一切，因为其中渗透着道德性的、情感性的及精神性的交融，呈现着朴素的空间原相（图4-5-3）。

建筑和城市作为人类生活与生存空间的重要组成，它们的存在也同时要负载相应的社会意义，而且也应该有能力反映那些不断变化的社会因素所遗留的鲜活印记，并使其在相互关联中充满活力。就像密斯所言："只有生动的内部空间才能带来生动的外部造型；只有具备了生命力，形式才能充满活力。"从中，我们不难发现密斯对于空间内外关联性的强调，而这种关联性主要是基于一切富有生命参与和活力的空间系统。

图4-5-3 拉萨近郊的哲蚌寺及修行的僧人

短暂的生命召唤有机秩序

相对于连绵与延续的永恒，生命就是瞬间的过程，然而即便如此，瞬间的生命也还是多姿多态的，它或是寄托着情感，或是陈述着历史。从游戏玩家眼中的新款游戏，到车迷手中的珍藏版模型，再到穿越大气层飞出地球的“神舟七号”和“嫦娥卫星”等，无不如此。然而，当这些事物的存在陷入呆滞或者孤立的状态时，它们的生命也会宣告结束，并回归自然之中。建筑和城市空间与人类之间存在一种关联与互动的关系，人类在赋予建筑和城市空间短暂生命的同时，建筑和城市空间也反向从多层次对人类施加影响（图4-5-4）。

图4-5-4 神舟七号飞船太空飞行景象

然而，在过去很长的时间里，建筑都被视为“居住的机器”，它的形式、结构、空间、节点、材料等就是这部“机器”的组成部件，它们执行较为统一的组装要求，以空间功利性和社会影响力作为追逐目标。我们不能过于武断地认为“机械的秩序”就是反人性的过程，但是，不可否认的事实是，机械的秩序下的空间渐渐缺失了对自然环境的尊重和对人生率性的抚慰。

在《反建筑与解构主义新论》一书中，尼科斯 A. 萨林加罗斯基于柏林犹太人博物馆的设计而推出“死亡几何学”概念，他在书中写道：“因为我们不应抛弃或遗忘那些由建筑所象征的可怕事件；但这并不能成为这些建筑的托词。因为它们不仅假装成为城市生命的组成部分，甚至还以某种方式得到了强化。”他又反问“那些转而追求连接和给予生命的建筑是否遵循了一种更加适当的‘生命几何学’呢？”并总结“生命几何学”的特征如下：

1）生命在本质上具有连通性和原型。

2）生命是“有机复杂性事物”，是规则性和偶然性、秩序性与自发性的有效结合。

3）生命无法通过传统的追求答案的数学方程式加以定义，但较之于计算机程序则又是可阐明的、可比较的。

4）生命是一种遗传编码，它进化发展着自己所认识到的复杂性。

5）生命也不仅是复杂的，也许从更神秘的意义上说，它也被规定和呈现为令人难以置信的匀称序列。㊀

萨林加罗斯对“生命几何学”的总结与空间运动有机体系对于有机生命的关注存在相通之处。在传统的建筑空间中，几何和机械的秩序更具话语权和统治性，它们强调一种自上而下的主体意识。而空间运动有机体系强调的是从系统内部的关联性出发，观察、分析和研究空间运动现象，对比传统建筑空间观念，我们可以发现它是一个逆向的过程。而在空间运动有机体系中，建筑在自然环境中的成长就好比有机生命中细胞的分裂和繁殖，它表现为一个连续的过程，并且具有自我更新和分化的潜能。这样一种逆传统的空间扩张观念，弱化了建筑和城市空间在自然环境中的定位，使其回归到原始、朴素的有机状态（图4-5-5）。

㊀ 尼科斯 A. 萨林加罗斯.反建筑与解构主义新论[M].3版. 李春青，傅凡，张晓燕，等译.北京：中国建筑工业出版社，2010:62.

图4-5-5　建筑在自然环境中的自我更新与分化

有机空间历史久远，但它却不是一种怀旧的风格，而是极其迷人和富有灵感的再生思想。它是一种活着的传统，它根植于对生活、自然和自然形态的情感中，从自然界及其多样性的生物形式和过程中的生命系统获取经验和认识。有机空间中自由流畅的曲线造型和富有表现力的形式强调的是和谐与美，并将人的身体、心灵和精神融为一体。让·努维尔曾说："当您看到自然在动物界和植物界的创造时，您也许注意到这种创造的非凡境界。我只是自然界的一个偶然，生产我所生产的，我除了将自然的疆土扩展以外，没有做任何事情。在这种意义上我的作品可以被比作自然的片段。它也许是一种人造的自然，但自然本身也在生产着各种不可思议的东西。我不知道用'有机'这个词是否恰当，但对我来说，在某些建筑和某些自然现象之间存在某种相通之处。"

无论如何，人类也改变不了隶属于整个自然系统的宿命，所以，人们根本不可能凌驾于自然之上去掌握和改变自然的秩序，最明智的做法就是选择适当放弃，并与自然和谐共生。其实，在自然界中存在着很多非常完美的生物，它们能够适应于变化的环境而进行自然的繁衍生息。在这里，我们可以研究、分析、归纳、仿生和借鉴生物的合理自然状态，并将其应用于建筑和城市空间的设计之中。我们应该相信，人性在得到放大的同时，也会更加接近自然，并使自身回归有机的生命秩序。

回到空间本身

胡塞尔的现象学是从对最初认识论的反思出发，以直观明证性为原则，来探索回溯本质的通道为目的的哲学理论体系。胡塞尔提出了对文学理论研究颇具启示意义的“现象学的还原”学说，他认为现象学的还原是指所有超越之物都必须给以无效的标志，或者说，所有超越之物的存在，其有效性不能作为存在和有效性本身，至多只能作为有效性现象。胡塞尔研究的出发点是一种中性观察和描述，是无成见、无预设、无理论污染的。而现象学还原的最终目的是要找到知识的“本源”，达到对事物本质性的认识。

所谓本质就是指一件事物或一个过程在生生不息的宇宙万物及其有机整体中有别于其他事物、其他过程的内在基本特征，是某种具有普遍性和必然意义的东西。在个体对象与本质之间存在着联系，根据这种联系，任何个体对象都包含着作为其本质的一个本质存在，正如任何本质相反也都符合于作为它事实的个别化的可能个体一样。透过现象找到本质，这不是找本质的传统方法，而是希望以数理和心理的分析找出思想的形式甚至内容。在胡塞尔看来，本质不是现象背后的东西，通过现象学还原，通过“悬置”摈弃成见，停止判断后的还原创设了纯粹的主体和纯粹的客体，事物就在人们的直观中将其本来面目呈现给人们，事物回到了自身，回到了其原初性的状态，此时的现象即本质。而“回到事物本身”（To the things themselves）是胡塞尔提出的响亮口号，他试图以此超越物质与意识的界限。对于现实经验认知或外在存在识别而言，回到事物本身，是保证结果真实可靠的重要途径；而回到事物本身，也同时提醒着人们对于已经建立的时间、空间和因果关系等认知的局限性。

现象学对建筑理论和设计研究最大的启发就来自胡塞尔提出的“回到事物本身”。这一观念指出要对直接体验加以重视，而直接体验就是抛弃遮在现象面前的理论模式，转向事物的现象本身。在空间运动有机体系中，我们对于建筑和城市的审视和思考也应该“回到空间本身”。可以说，空间运动有机体系是建筑现象学针对当代社会意识形态的一次践行，它并没有重新定义空间的存在，而仅仅作为空间适性在一定程度上的修正，使其真正回归到“场所精神”的领域。

在《知觉现象学》中提出的哲学的第一行动，应该是深入到先在的客观世界中去重新发现现象，重新唤醒知觉，并私下使其自身成为一种事实和一种知觉。对于建筑和城市空间而言，我们首先应该透过空间运动现象，观察空间、运动和事件之间的关联与互动，进而体验和感知人与空间之间的存在关系，使其回到空间运动有机体系之中。空间、时间、运动和事件会在这里集结，穿越内在的意识，突破单一的向度，融入存在的基本物质性之中，人们以身体陈述空间，与不同尺度和层次的空间相对照，反观自身的存在与价值。所以说，建筑是所有艺术中最能全面反映人类知觉的空间艺术，也是人类与外部空间之间相互调和的一种艺术，而知觉就是这种调和发生的媒介，将现象学概念引入建筑空间的研究将开辟一种新的视野，确立新的观念和态度。

彼得·卒姆托的建筑哲学能够让人清晰地感受一种现象学的氛围，他所塑造的建筑空间超越了所有能够想到的层面，而直抵精神领域的最高境界。他在南加州建筑学院演讲时曾提到："后现代生活可以被描述为这样一种状态：除了个人的经历，任何事情都是模糊、含混、甚至不真实的。世界充斥着符号和信息，没有人能完全理解它们所代表的东西，因为这些东西本身仍是其他东西的符号。真实隐藏起来，没有人真正见过。""尽管如此，我确信真实仍然存在，虽然它已被置于危险的境地。土地和水、阳光、风景和植被仍然存在，人们制造的机器、工具和乐器仍然存在，它们就是它们自己，而不是纯粹的信息载体。它们的存在是自证的。"也就是说，意义不可能脱离具体的事物存在而被虚构出来，因为意义就在于时间性和空间性的转化当中，随着空间、运动和事件的发生而浮现出来（图4-5-6）。

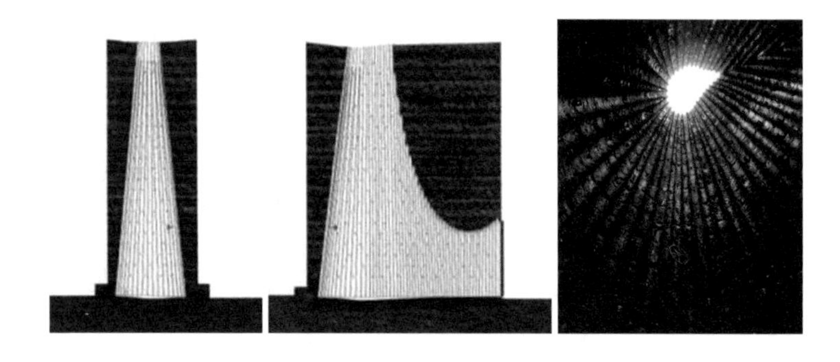

图4-5-6 彼得·卒姆托设计的Bruder Klaus教堂剖视图及内部空间

释放空间、身体与意识的自由

人们已然身处于一个随时随地充斥着信息网络化的社会之中，信息化因子开始渗入到人们生活场景中的每一个角落，并且发展成为影响我们在空间中寄居的一个重要因素，无论如何，人们都不可能完全割裂与信息化因子的关联，也难以屏蔽信息化因子对身体和生活空间的干扰。所以说，我们赖以存续的空间已经发生实质性的变化，在这种变化中，积极因素与消极因素共存，与此相适应的是，人们对于空间的行为和意识不应该继续停留在空间的“扩张” 前阶段，而应该积极地去面对、适应和驾驭空间，使其回归人性的本真，回归到空间运动有机体系。

人类对于建筑空间的认识，经历了“几何的秩序”到“机械的秩序”过渡，现在应该算是迈向“生命的秩序”的阶段，而秩序本身是宇宙和自然界中永恒的东西。伴随着空间中的关系场和约束力在空间运动现象中的凸显，人性秩序的回归将成为空间的主旋律。当然，我们不能简单地认为这是“生命的秩序”对“机械的秩序”的完全替代，更合理的解释应该是一种空间观念对人性诠释的修正和补充，因为人们对于世界的认识和解释终究要有一个回归的过程，而对于建筑价值观的替代也并非一个概念所能改变。

“生命的秩序”是短暂的生命对有机、活性秩序的召唤，而在“生命的秩序”中，空间、身体和意识都是不可或缺的组成部分，所以，我们应该重视生命的整体体验，释放空间、身体与意识的自由，让空间回到它本身，而不是简单、低级地沿袭传统范式。空间运动有机体系作为空间观念的一次重置，我们无法估量它对于建筑和城市空间的认知会带来怎样的改变，也不确认它是否会让人们转变视角，去遥望和构想一个朴素、协和、自然和有机的世界，但是，它是真正对“生命的秩序”作出响应的认知体系。

空间运动有机体系不以传统建筑的空间划分和外在形式表现为出发点，同时无视传统空间中的的功利性特征，它将建筑和城市空间一同纳入到自然大环境的秩序之中，突出强调空间精神的归属感，透过局部和整体中的空间运动现象来观察现行空间秩序中的不和谐因素，并以最朴素的心境来化解这些对立和冲突（图4-5-7）。

图4-5-7 朴素的空间精神与归属感

局部和整体都不是空间运动有机体系的约束性概念，它们都是相对的，在空间的关系下生成的，带有伸缩性的空间意识和图式相互叠加的产物，是空间运动现象的背景。通过构建一个虚拟的系统与空间运动有机体系相类比，我们会发现有机体系内所有的个体元素都是非静态的、不完整的、成长和变化的，并且始终伴随着不稳定性特征。但是，就是这些看似处于相对弱势状态中的元素却在相互关联中协同作用，共同孕育出一个有机与活性的整体，并暗含着巨大的丰富性和可能性。

空间运动有机体系表现出了强大的包容性，然而，它承认和接纳空间事件的多样性和丰富性，却并不支持空间事件的对立和冲突，它呼吁以平和、坦然和知性的态度去理解空间运动现象本身，并能以委婉、含蓄的方式去看待空间运动现象中的事件和行为。实际上，空间运动有机体系没有发明或者创造新的建筑语言，它只是一种以人类自身的意志为转移的回归自然的空间观念。这样的一种看似弱化的空间观念不是对强势现实的畏惧和回避，而是力求以一种去“妄想、分别和执著”的态度去度化空间中所暗含的人性，释放空间、身体与意识的自由。

图片来源 | ILLUSTRATION CREDITS

图1-1-2，图1-1-3，图2-1-6：董旭红拍摄

图1-1-4，图1-1-5，图1-1-12，图1-1-14，图2-1-3，图3-7-1：王欣拍摄

图1-1-6，图1-1-7，图1-2-2，图1-3-7，图2-1-5，图3-8-8，图4-2-4：效洁拍摄

图1-1-8，图1-1-9，图1-1-10, 图1-1-11，图3-2-2，图3-3-5，图4-2-6，图4-4-1：陈卓拍摄

图1-2-1，图1-2-10，图1-4-7，图1-4-9，图2-1-4，图3-1-10，图3-3-1，图3-3-10，图3-4-3，图3-5-2，图3-5-3，图3-5-4，图3-8-5，图4-1-8，图4-2-7，图4-3-1，图4-3-5：徐港拍摄

图2-2-2，图2-2-5，图2-3-1，图2-3-2，图2-3-4，图2-3-7，图3-2-1，图3-3-4，图3-5-1，图3-6-2，图3-6-6，图3-7-4，图4-1-6，图4-2-5，图4-3-2，图4-4-5，图4-4-6，图4-4-7，图4-5-2，图4-5-3，图4-5-7：徐守珩拍摄

图2-2-3：胡贤疆拍摄

图2-2-4，图4-1-5，图4-2-1：喻文鑫拍摄

图2-2-7，图3-2-10，图3-3-8，图4-4-2：石晶拍摄

图2-3-3：吴健拍摄

图2-3-8：芮烁家拍摄

图3-1-2，图3-7-7，图4-4-4：刘吉雨拍摄

图3-1-9：托亚拍摄

图3-4-2，图3-5-5，图4-5-5：林静拍摄

图3-4-4，图3-6-3，图4-3-3：姚韦拍摄

图4-2-8，图4-4-3：赵荣拍摄

参考文献 | BIBLIOGRAPHY

[1] 克里斯蒂安·诺伯格-舒尔茨. 西方建筑的意义[M]. 李路珂，欧阳恬之，译. 北京：中国建筑工业出版社，2005.

[2] 布鲁诺·赛维. 建筑空间论——如何品评建筑[M]. 张似赞，译. 北京：中国建筑工业出版社，2006.

[3] 勒·柯布西耶. 明日之城市[M]. 李浩，译，北京：中国建筑工业出版社，2009.

[4] 罗伯特·文丘里. 建筑的复杂性与矛盾性[M]. 周卜颐，译. 北京：知识产权出版社，中国水利水电出版社，2006.

[5] R 舍普，等. 技术帝国[M]. 刘莉，译. 北京：生活·读书·新知三联书店，2004.

[6] 弗兰克斯·彭茨，格雷格里·雷迪克，罗伯特·豪厄尔. 空间[M]. 马光亭，章邵增，译. 北京：华夏出版社，2011.

[7] 徐守珩. 道·设计：建筑中的线索与秩序[M]. 北京：机械工业出版社，2013.

[8] 大师系列丛书编辑部. 伊东丰雄的作品与思想[M]. 北京：中国电力出版社，2005.

[9] 马克斯·霍克海默，西奥多·阿道尔诺. 启蒙辩证法[M]. 渠敬东，曹卫东，译. 上海：上海人民出版社，2006.

[10] 弗雷德里克·詹姆逊. 后现代主义与文化理论[M]. 唐小兵，译. 北京：北京大学出版社，2005.

[11] 尼科斯 A 萨林加罗斯. 反建筑与解构主义新论[M]. 3版. 李春青，傅凡，张晓燕，等译. 北京：中国建筑工业出版社，2010.

[12] 张延风. 法国现代美术[M]. 桂林：广西师范大学出版社，2004.

[13] 凯文·林奇. 城市意象[M]. 方益萍，何晓军，译. 北京：华夏出版社，2011.

[14] 刘先觉. 现代建筑理论[M]. 北京：中国建筑工业出版社，1999.
[15] 克里斯蒂安·诺伯格-舒尔茨. 存在·空间·建筑[M]. 尹培桐，译. 北京：中国建筑工业出版社，1990.
[16] 克里斯蒂安·诺伯格-舒尔茨. 场所精神——迈向建筑现象学[M]. 施植明，译. 武汉：华中科技大学出版社，2010.
[17] 卡普拉. 物理学之“道”：近代物理学与东方神秘主义[M]. 4版. 朱润生，译. 北京：中央编译出版社，2012.
[18] 黑川纪章. 新共生思想[M]. 覃力，杨熹微，慕春暖，等译. 北京：中国建筑工业出版社，2009.
[19] 孔宇航. 非线性有机建筑[M]. 北京：中国建筑工业出版社，2012.
[20] 莫里斯·梅洛-庞蒂. 知觉现象学[M]. 姜志辉，译. 北京：商务印书馆，2001.
[21] 彼得·卒姆托. 建筑氛围[M]. 张宇，译. 北京：中国建筑工业出版社，2010.
[22] 比尔·希利尔. 空间是机器——建筑组构理论[M]. 杨滔，张佶，王晓京，译. 北京：中国建筑工业出版社，2008.
[23] 詹妮弗·泰勒. 槙文彦的建筑——空间 城市·秩序和建造[M]. 马琴，译. 北京：中国建筑工业出版社，2007.
[24] 《大师》编辑部. 杨经文[M]. 武汉：华中科技大学出版社，2007.
[25] 尼科斯 A 萨林加罗斯. 建筑论语[M]. 吴秀洁，译. 北京：中国建筑工业出版社，2010.
[26] 斯蒂芬·霍尔. 锚[M]. 符济湘，译. 天津：天津大学出版社，2010.
[27] 鲁思·派塔森，格雷斯·翁艳. 普利兹克建筑奖获奖建筑师的设计心得自述[M]. 王晨晖，译. 沈阳：辽宁科学技术出版社，2012.
[28] 布莱恩·劳森. 空间的语言[M]. 杨青娟，韩效，卢芳，等译. 北京：中国建筑工业出版社，2003.
[29] 陆邵明. 建筑体验——空间中的情节[M]. 北京：中国建筑工业出版社，2007.
[30] 康威·劳埃德·摩根. 让·努维尔：建筑的元素[M]. 白颖，译. 北京：中国建筑工业出版社，2004.
[31] 沈克宁. 建筑类型学与城市形态学[M]. 北京：中国建筑工业出版社，2010.
[32] 汪丽君. 建筑类型学[M]. 天津：天津大学出版社，2005.
[33] 彭一刚. 建筑空间组合论[M]. 3版. 北京：中国建筑工业出版社，2008.

[34] 戴维B 布朗宁. 路易斯 I 康：在建筑的王国中[M]. 马琴，译. 北京：中国建筑工业出版社，2004.

[35] 普里戈金，斯唐热. 从混沌到有序：人与自然的新对话[M]. 曾庆宏，沈小峰，译. 上海：上海译文出版社，2005.

[36] 刘松茯，孙巍巍. 雷姆·库哈斯[M]. 北京：中国建筑工业出版社，2009.

[37] 卡洛·拉蒂，安东尼·汤森德. "草根"的智慧城市[J]. 王志良，译. 环球科学，2011：70.

[38] C亚历山大. 建筑的永恒之道[M]. 赵冰，译. 北京：知识产权出版社，2004.

[39] 阿摩斯·拉普卜特. 建成环境的意义——非言语表达方法[M]. 黄兰谷，等译. 北京：中国建筑工业出版社，2003.

[40] 维尔纳·布雷泽. 东西方的会合[M]. 苏怡，齐勇新，译. 北京：中国建筑工业出版社，2006.

[41] 范玉刚. 睿思与歧误：一种对海德格尔技术之思的审美解读[M]. 北京：中央编译出版社，2005.

[42] 彼得·卒姆托. 思考建筑[M]. 张宇，译. 北京：中国建筑工业出版社，2010.

[43] 沈克宁. 建筑现象学[M]. 北京：中国建筑工业出版社，2008.

[44] 李雱. 卡罗·斯卡帕[M]. 北京：中国建筑工业出版社，2012.

[45] 《大师》编辑部. 蓝天组[M]. 武汉：华中科技大学出版社，2007.

[46] 《大师》编辑部. 里卡多·列戈瑞达[M]. 武汉：华中科技大学出版社，2007.

[47] 大师系列丛书编辑部. 扎哈·哈迪德的作品与思想[M]. 北京：中国电力出版社，2005.

[48] 大师系列丛书编辑部. 普利茨克建筑大师思想精粹[M]. 武汉：华中科技大学出版社，2007.

[49] 《大师》编辑部. 彼得·卒姆托[M]. 武汉：华中科技大学出版社，2007.

[50] 刘松茯，李鸽. 弗兰克·盖里[M]. 北京：中国建筑工业出版社，2007.

[51] 刘松茯，丁格菲. 让·努维尔[M]. 北京：中国建筑工业出版社，2010.

[52] D斯科特. 极少主义与禅宗[M]. 熊宁，译. 北京：中国建筑工业出版社，2002.

[53] 弗兰克·惠特福德. 包豪斯[M]. 林鹤，译. 北京：生活·读书·新知 三联书店. 2004.

[54] 彭怒，支文军，戴春. 现象学与建筑的对话[M]. 上海：同济大学出版社，2009.

[55] 保罗·莱文森. 真实空间：飞天梦解析[M]. 何道宽，译. 北京：中国人民大学出版社，2006.

[56] 刘松茯，李静薇. 扎哈·哈迪德[M]. 北京：中国建筑工业出版社，2008.

[57] 藤本壮介. 建筑诞生的时刻[M]. 张钰，译. 桂林：广西师范大学出版社，2013.

[58] 《大师》编辑部. 槇文彦[M]. 武汉：华中科技大学出版社，2007.

[59] 库尔特·考夫卡. 格式塔心理学原理[M]. 李维，译. 北京：北京大学出版社，2010.

[60] 薛恩伦，李道增. 后现代主义建筑二十讲[M]. 上海：上海社会科学院出版社，2005.

[61] 库尔特·勒温. 拓扑心理学原理[M]. 竺培梁，译. 北京：北京大学出版社，2011.

[62] 马永建. 现代主义艺术二十讲[M]. 上海：上海社会科学院出版社，2005.

[63] 格朗特·希尔德布兰德. 建筑愉悦的起源[M]. 马琴，万志斌，译. 北京：中国建筑工业出版社，2007.

[64] 鲁道夫·阿恩海姆. 建筑形式的视觉动力[M]. 宁海林，译. 北京：中国建筑工业出版社，2006.

[65] 安东尼C安东尼亚德斯. 建筑诗学与设计理论[M]. 周玉鹏，张鹏，刘耀辉，译. 北京：中国建筑工业出版社，2011.

[66] 《大师》编辑部. 格伦·马库特[M]. 武汉：华中科技大学出版社，2007.

[67] 卡斯腾·哈里斯. 建筑的伦理功能[M]. 申嘉，陈朝晖，译. 北京：华夏出版社，2001.

[68] 凯文·凯利. 技术元素[M]. 张行舟，余倩，周峰，等译. 北京：电子工业出版社，2012.

[69] 张坚. 视觉形式的生命[M]. 杭州：中国美术学院出版社，2004.

[70] 沈克宁. 当代建筑设计理论——有关意义的探索[M]. 北京：中国水利水电出版社，知识产权出版社，2009.

[71] 陈伯冲. 建筑形式论——迈向图象思维[M]. 北京：中国建筑工业出版社，1996.

[72] 郭屹民. 建筑的诗学：对话·坂本一成的思考[M]. 南京：东南大学出版社，2011.

[73] SE拉斯姆森. 建筑体验[M]. 刘亚芬，译. 北京：知识产权出版社，2003.

[74] 沈克宁. 绵延：时间、运动、空间中的知觉体验[J]. 建筑师，2013. 163.

[75] 谢纳. 空间生产与文化表征——空间转向视阈中的文学研究[M]. 北京：中国人民大学出版社，2010.

[76] 渊上正幸. 世界建筑师的思想和作品[M]. 覃力，黄衍顺，徐慧，等译. 北京：中国建筑工业出版社，2000.

[77] Jonathan Hill. Immaterial Architecture [M]. Oxon and New York：Routledge, 2006.

后　记 | POSTSCRIPT

本书已近尾声，但是，每次翻阅这些书稿，我还是会疑惑10年前自己为什么会去写《空间运动与“空间链”》这样的一篇毕业论文。由于当时的自己对现象学概念可以说是一无所知，所以在成文中根本没有涉及现象学的内容，仅仅是以行为建筑学和格式塔心理学的浅显理解作为理论依据而展开论述。然而不曾想到的是，10年的阅读、思考和梳理，却让这个题目成为了我所认定的主要研究方向，从“空间运动”概念到“动态空间”概念，再到“空间运动现象”，最后到完整的“空间运动有机理论”，这种跨越是我始料未及的，在此只能以感恩的心理视之。

诚实地讲，近些年伴随着外部环境的急剧变化，我的思想和观念也发生了一些重大的转变，这些转变难言好与坏、深或浅，而是让我开始关照自身和参悟人性。有时候幻想自己是一个守望者，却被孤寂的感受折磨得有些精神分裂；有时候又幻想自己是一个打更者，却又怕惊扰睡神而惨遭驱赶或流放。然而，幻想终究只是幻想，它始终抵不过那些膨胀到无底线的欲望，因此，我学会选择性淡忘，让卑微之躯甘居草庐，守护那残存的光荣与梦想。

在这里，我需要特别申明，本书的观点和看法主要是基于我多年大量的阅读和思考、工程实践以及真实操作和创造性研究的结合产物。但是，还有一些观点和看法是得益于国内外诸多学界同道的研究成果，由于本书写作时间跨度较长，如若在文中致使一些参考文献、论文等的出处不甚明确，那么，深表歉意，在此一并谢过。

至此本书出版之际，请允许我借此机会表达我的诚挚谢意。首先，我最要感谢我的导师庄惟敏教授，他博学而又谦逊的学者风范、严谨而又低调的治学态度都让我深受教益，并成为指引我前行的动力和标杆。当然，我也要向教过我的吴良镛、关肇邺、朱文一、庄宁、王贵祥、周榕、胡戎睿等老师表示感谢。其次，我也要向慷慨地为本书提供了大量而又精致图片的各位友人表示感谢，向我的朋友、亲人对我的帮助表达深深的敬意，由于人数众多，且难免遗漏，所以在此不再一一罗列姓名。再次，我要特别感谢机械工业出版社策划编辑赵荣女士，感谢她对我始终如一的支持和信任。在本书成稿两年多时间里，她既同我一道针对本书的标题、内容和形式等诸多方面进行不定期深入探讨，又总是以其对书稿的敏锐见解而帮助我突破了写作过程所遇到的种种困境，实际上，这为书稿的顺利写作和出版提供了最大的保证。

最后，我还要把这本书献给我的家人，特别是我的宝贝女儿徐嘉睿，谢谢你们一直以来对我的默默支持和陪伴，我爱你们!

徐守珩

2013年12月21日